家庭养花
必读书系

多肉花卉养护

从入门到精通

徐帮学 等编

U0223994

化学工业出版社

·北京·

本书介绍了常见多肉花卉的栽培养护方法，主要内容包括多肉花卉分类、选购要点、培养土选择与换盆，以及温度、光照、浇水、通风、施肥、繁殖等养护技巧。除此之外，书中还有多幅多肉花卉插图，是学习、鉴赏、养护多肉花卉不可多得的指导用书，相信喜欢养花的读者一定能从中学到很多知识。

本书通俗易懂，图文并茂，融知识性、实用性为一体，可供园艺花卉爱好者、花卉种植户、花木培育企业员工、花卉园艺工作者阅读使用，也可供高等学校园林专业和环境艺术设计专业的学生、室内设计师、室内植物装饰爱好者及所有热爱生活的读者学习参考。

图书在版编目（CIP）数据

多肉花卉养护从入门到精通/徐帮学等编. —北京：化学工业出版社，2019.9
（家庭养花必读书系）
ISBN 978-7-122-34728-2

Ⅰ.①多… Ⅱ.①徐… Ⅲ.①多浆植物-观赏园艺 Ⅳ.①S682.33

中国版本图书馆CIP数据核字（2019）第121915号

责任编辑：董　琳　　　　　　　　　　　　　　　　　装帧设计：刘丽华
责任校对：张雨彤

出版发行：化学工业出版社（北京市东城区青年湖南街13号　邮政编码100011）
印　　装：北京缤索印刷有限公司
787mm×1092mm　1/16　印张11$\frac{1}{2}$　字数265千字　2020年1月北京第1版第1次印刷

购书咨询：010-64518888　　　　　　　　　　　　　售后服务：010-64518899
网　　址：http://www.cip.com.cn
凡购买本书，如有缺损质量问题，本社销售中心负责调换。

定　　价：68.00元

前　言
Preface

　　随着社会的发展，越来越多的人喜欢上了养花。我们知道，花卉不仅能净化空气、美化居室环境，而且还能让人们在养花的过程中达到修身养性的目的。在喧闹的大都市里，在家中养一些花卉，既能让人们放松身心，陶冶性情，还能很好地缓解人们在工作与生活中的各种压力，有益于身心健康。花卉已经成了现代人生活中不可缺少的消费品之一，让人们足不出户便可领略自然风光的美。

　　养花是一个从难到易的过程，家庭养花最需要掌握的就是一些养花技巧。只有具备一定的养花知识技能，并掌握花卉的生长规律和习性，才能真正养好花。因此，我们特组织编写了《家庭养花必读书系》。

　　《家庭养花必读书系》包括以下3个分册：《新手养花从入门到精通》《观叶花卉养护从入门到精通》《多肉花卉养护从入门到精通》。本丛书的编写目的是满足大多数读者需求，从简单易养的花卉写起，提供基本的理论依据和技术指导，以提高大家对每一种花卉特征的认知，并掌握一些基本的养护方法。本丛书是花卉爱好者和园艺从业人员的最佳指南，即使你是一名养花新手也能一读就懂，对养护方法一看就会。

　　本丛书文字精练，叙述新颖有趣，将每种花卉相关的知识点一一列出，使读者阅读起来一目了然。书中精美的图片直观形象地展示了各种花卉的外貌特征，可以指导读者有针对性地认识和选择自己喜爱的花卉。

　　本丛书可供大众读者、园艺花卉爱好者、花卉种植户、花木培育企业员工、花卉园艺工作者及相关技术人员、室内设计师、室内植物装饰爱好者、高等学校园林专业和环境艺术设计专业的学生等使用，是一套实用性强，极具指导意义的园艺工具用书。

　　在本丛书的编写过程中，得到了许多同行和朋友的帮助，在此我们感谢为本丛书的编写付出辛勤劳动的各位编者。参与本丛书编写的人员如下：徐帮学、田勇、徐春华、侯红霞、袁飞、常少杰、李楠、徐长文、张占军、张梓健、闫微微、刘艳、张强等。

　　由于编者水平有限和时间紧迫，书中疏漏与不足之处在所难免，恩请相关专家或广大读者提出宝贵意见。

编者
2019 年 6 月

Contents / 目录

Chapter 1

第一章 认识多肉花卉 / 001

Chapter 2

第二章 龙舌兰科多肉花卉栽培与养护 / 017

Chapter *3*

第三章　百合科多肉花卉栽培与养护 / 033

Chapter 4

第四章 大戟科多肉花卉栽培与养护 / 051

Chapter *5*

第五章　景天科多肉花卉栽培与养护 / *063*

Chapter *6*

第六章　番杏科多肉花卉栽培与养护 / *108*

Chapter 7

第七章　仙人掌科多肉花卉栽培与养护 / 118

Chapter *8*

第八章　其他科多肉花卉栽培与养护 / *151*

Chapter *1*

第一章　认识多肉花卉

一、多肉花卉基本分类

多肉花卉（图1-1）为多年生肉质植物的简称，又称肉质植物、多浆植物或多肉花卉。多年生是指能连续生长多年，肉质是指植物营养器官肥大、有肉质感。多肉花卉通常有根、茎、叶三种营养器官和花、果实、种子三种繁殖器官。

图1-1　多肉花卉

严格来讲，多肉花卉是基于外表的形态特征进行的分类的，多肉花卉常常有以下一些共性特征。

（1）多肉花卉的营养器官肥厚多汁

多肉花卉的营养器官具有发达的薄壁组织，可以大量地储存水分，如沙漠里的仙人柱。多肉花卉大多十分耐旱，有的一个月或几个月不浇水也能照样生存。

（2）多肉花卉的茎干变万化

通常我们见到的植物的茎大多是圆柱状，用来传输营养和水分供给叶子、花朵和果实。但多肉花卉的茎却是多种多样的，有的是球状，有的是三角形，有的是椭圆形，有的是方形，有的是多棱体，有的是山峦形……因此，多肉花卉具有很高的观赏价值。

（3）多肉花卉的形态十分奇特

多肉花卉有的茎大，有的叶肥，但不管哪一种，形态都十分特别，没有一模一样的。比如石莲花，外形就好似石雕的莲花，优美雅观；还有婴儿手指，它的形状就跟婴儿的手指一样，肥嘟嘟的，十分可爱。除此之外，还有标准球形的晃玉，圆柱形的将军阁，似龟甲的龟甲龙，似睡袋的睡布袋，小兔子状的白玉兔，刀片状的神刀等。

多肉花卉主要原产地是非洲、南美洲和墨西哥，日本、韩国和欧洲也有许多杂交品种。全世界的多肉花卉共有10000多种，比较常见的有1000多种。多肉花卉的表面大多会有一些细小的绒毛，叶片多光滑有蜡质，看起来惹人喜爱，所以人们常用它们来装饰客厅、办公室、茶几、书桌等，大型的多肉花卉可栽植于庭院、花坛和植物园中，供人们观赏。

多肉花卉种类繁多，据调查统计，多肉花卉在植物分类上已增至100多科，科下又分属。多肉花卉常见的有葡萄科、番杏科、龙舌兰科、萝藦科、百岁兰科、夹竹桃科等30多科，下面我们选择了一些日常生活中最常见的多肉花卉科属，对它们的种属以及主要特征进行简要介绍，让多肉花卉爱好者对其分类有个简要的了解与认识。

（1）葡萄科

葡萄科有12属700多种，大多为有卷须的藤本植物。属于多肉花卉的主要是白粉藤属或者葡萄瓮属，种类比较少。原产地为非洲、东南亚热带及亚热带地区。

特性：葡萄科植物属于常绿的多年生灌木和藤本植物。茎或根为肉质，叶子互生，花瓣为4片，花序为聚伞形。

（2）番杏科

番杏科属于双子叶植物，全科有100属2000多种。番杏科植物原产于南非、纳米比亚等地。

特性：番杏科的叶子都有着不同程度的肉质化，属于多肉花卉的代表植物。番杏科属于草本或者小灌木，叶子互生或者对生，叶子的全缘都有齿。花单生，为雏菊状，花朵多为黄色、白色、红色三色。

（3）龙舌兰科

龙舌兰科属于单子叶植物，分为20属670余种，多产于热带、亚热带等地区。龙舌兰科多肉花卉有8～10属。

特性：龙舌兰科植物的叶片有革质，多肉质，肥厚。龙舌兰科通常聚生在茎基，叶缘、叶尖处常长有刺。花序类型为总状花序或者圆锥花序。龙舌兰科的多肉花卉在开花结出果实之后就会全部枯萎死亡。

（4）萝藦科

萝藦科属于双子叶植物，分为180属2200多种。萝藦科多肉花卉主要分布在热带地区，常见的约有10属。

特性：萝藦科大多数为草本、藤本或者灌木植物。植物体内有乳汁。萝藦科花的形状为5瓣，一般为星形，带有微臭味。

（5）百岁兰科

百岁兰科（图1-2）又称为千岁揽客，只有1属1种。百岁兰科多肉花卉原产于非洲干旱的西南部沙漠，它是多肉花卉中最奇特的，也是最名贵的种类。

图1-2 百岁兰科多肉花卉

特性：百岁兰科为落叶或者常绿的多年生草本植物。其叶片多肉革质，呈舌状，颜色大多为绿色或者灰绿色，其花序为球状。

（6）夹竹桃科

夹竹桃科有150多属1000多种。夹竹桃科植物主要产于热带、亚热带地区。其属于多肉花卉的有沙漠玫瑰属和棒捶树属。

特性：夹竹桃科植株含有乳状的液体，大多有毒。其叶缘比较光滑，其花为丛生，单生的比较少见。夹竹桃科属于茎形状很奇特的肉质植物。

（7）桑科

桑科属于双子叶植物，共有55属400多种。桑科植物大多分布在热带或者亚热带地区。多肉花卉在桑科内仅有很少的一部分。

特性：桑科为落叶或者常绿的灌木、亚灌木。其含有白色的乳汁，叶子互生，花朵很小或者没有花瓣。桑科的茎基肉质且很粗壮。

（8）辣木科

辣木科为常绿或者落叶乔木植物，多肉花卉仅占其中很少一部分。辣木属中的植物茎部肥大。辣木科植物原产于非洲的纳米比亚、西非、南非，亚洲的印度及热带等地区。

特性：辣木科植物的叶子互生或者对生，有2～3片的羽毛状复叶。其花序在叶腋下，为圆锥形。辣木科植物的花朵为黄色。

（9）西番莲科

西番莲科属于双子叶植物，共有12属600多种植物。西番莲科植物大多分布在南美，其中多肉花卉极少，目前为止已经发现的仅有腺蔓属。

特性：西番莲科的腺蔓属为多年生肉质植物。其少部分为半常绿植物，茎基膨大，叶子互生，全缘，部分裂开。西番莲科植物的花序长于叶腋下，花朵较小。

（10）马齿苋科

马齿苋科有20属约500种植物。马齿苋科的多肉花卉主要分布在燕子掌属、回欢草属等5个属中。马齿苋科植物原产于南非、纳米比亚等非洲干旱地区。

特性：马齿苋科植物的叶子很小，常见的回欢草属有很大的肉质基属。有总状花序，花朵为白色、粉红色和红色。马齿苋科的燕子掌属有肉质的圆形小叶子，有聚伞花序或者较短的总状花序。马齿苋科植物的花朵为杯状或者碟状。

（11）百合科

百合科有250属近3700种植物，其中多肉花卉有14属。百合科中含有多肉花卉最多的是芦荟属、十二卷属、鲨鱼掌属。百合科是多肉花卉中最为重要的一科，主要产于温带和亚热带地区。

特性：百合科植物有草本和灌木，叶子基生或者轮生。其显著特征是有根状的茎、鳞茎、块茎以及球茎。

（12）苦苣苔科

苦苣苔科有140属近1800种。苦苣苔科是多分布在热带和亚热带的草本植物。苦苣苔科中的多肉花卉很少，其中有少数带有球状茎或者膨大块状茎的种类属于多肉。

特性：苦苣苔科为落叶或者常绿的多年生块茎植物。其叶片多为椭圆形或者卵圆形，并且叶片为肉质。

（13）牻牛儿苗科

牻牛儿苗科为双子叶植物，包括11属和800多种植物。牻牛儿苗科中的多肉花卉主要分布在龙骨葵属和天竺葵属。

特性：牻牛儿苗科的特征在茎干处，茎基膨大呈不规则的形状。其休眠时会脱落所有的叶子，有着多肉花卉独特的观赏性。

（14）葫芦科

葫芦科属于双子叶植物，全科有大约100属近850种植物。葫芦科植物原产于非洲，其中属于多肉花卉的种类不多。

特性：葫芦科植物属于一年生或多年生的草质藤本。其常有螺旋状卷须，叶子互生，外形较大，一般为单叶，复叶较少。葫芦科植物的花朵都是雌雄同株，包括总状和圆锥花序两种，其中茎干状多肉是主要代表。

（15）大戟科

大戟科属于双子叶植物，约有280属5000种植物。大戟科植物包括乔木、灌木和草本在内。大戟科植物的体内通常都有白色乳汁。大戟科植物分布极广，大部分分布在温带或者热带，其中多肉花卉占4个属。

特性：大戟科植物的叶子通常为单叶，互生。大戟科植物的花单生，雌雄同株或者异株，茎部多肉。

（16）龙树科

龙树科有4属11种，属于有刺的灌木和小乔木。龙树科植物原产于非洲的马达加斯加西部、西南部的干旱森林之中。

特性：龙树科是多肉花卉中的重要一科，是肉质化的木本植物，树干粗壮为肉质。龙树科植物的叶片肉质，旱季会脱落，生长季节会重新生长。其有聚伞花序，花多为单生。

（17）薯蓣科

薯蓣科属于单子叶植物，有11属650余种。薯蓣科植物原产于热带干燥的森林，以及热带、亚热带地区的干旱地区，温带的林地和灌木丛中也有分布。

特性：薯蓣科属于多年生的草质缠绕藤本，地下有形状各异的块茎或根茎。薯蓣科属于典型的茎干状多肉花卉。

（18）景天科

景天科有30属1500余种植物，原产于温暖干燥的地区。景天科植物具有很强的观赏性。

特性：景天科植物为多年生的低矮灌木，也有藤木。景天科属于多肉花卉中很重要的一个科。其叶子互生、对生和轮生。景天科植物高度肉质化，形状和色彩变化较多。其有聚伞花序，花朵较小。

（19）菊科

菊科有1000属近30000种植物，分布在全球各地。菊科属于种子植物中最大的一科。其中多肉花卉所占的比例不大，多在厚敦菊属和千里光属。菊科主要分布在非洲地区。

特性：菊科为多年生的草本或者矮灌木，有肉质的茎或者肉质的叶。其叶子以及少量种类的茎有白粉，花序呈头状。

（20）鸭跖草科

鸭跖草科有38属近700种植物，多肉花卉多在水竹草属内，是很好的家庭和院内的观赏多肉花卉。鸭跖草科原产于美洲的北部、中部和南部的林地、湿地以及灌木丛中。

特性：鸭跖草科为常绿的多年生草本植物。其叶片互生，有聚伞花序，花朵生在顶部，花期从夏季至秋季。

（21）凤梨科

凤梨科属于单子叶植物，种类非常多，但多以观叶植物为主，多肉花卉偏少。凤梨科是以雀舌兰属为主的多肉花卉。凤梨科原产于美洲的南部沿海线以及岩石地区。

特性：凤梨科中的多肉花卉叶片密集，以线状或者披针状为主。其叶片肥厚坚硬，叶缘有小锯齿，花序为穗状。

（22）木棉科

木棉科有27属，属于热带植物的代表。木棉科植物多以观赏的乔木或者灌木为主，木棉科中以木棉属是较为有名的多肉花卉种属。木棉科属于新颖且很受现代人追捧的多肉花卉之一。

特性：木棉属共有8种，其中椭叶木棉是很独特的多肉落叶大乔木。木棉科植物的茎基多肉肿大，有很多瘤块，花单生，花瓣有5瓣，花色为紫色。

（23）仙人掌科

仙人掌科有几十属，原产于非洲及美洲墨西哥。仙人掌（图1-3）通常单生，群生极少，有球状、圆筒状等多种形状。仙人掌是比较容易养护的观赏性植物。

图1-3 仙人掌

特性：仙人掌科植物的外形千姿百态，茎棱较为繁多，其花朵和刺毛五彩缤纷，很有观赏价值。

二、多肉花卉选购要点

我们在选购多肉花卉时，需要注意以下几点。

通常情况下，我们在市面上看到的多肉花卉仅仅带着非常少的宿土，或者干脆是裸根状态。这时候，当我们挑选多肉花卉的时候，就要留意挑选那些根须和根系具有生命力的植株。只有购买这样的多肉花卉，我们才能在短期内让其生根发芽。

在挑选多肉花卉的时候，还要留心观察所挑选植株的色泽，如果其有着较为清晰的花纹，没有发现任何病斑、虫斑以及水渍状斑点，在植株的叶子背后或者在枝叶间也没有发现任何病虫害，那么，就表明我们挑选的多肉花卉生长状况良好。

倘若我们购买的多肉花卉是带盆植株，就要留心观察盆土是否松软。倘若看到盆土较为松软，当轻轻晃动盆栽时，植株还会产生较大幅度的晃动，那么，就表明所选购的植株是新栽种的。

如果我们购买了一株新栽种的植株，那么将其带回家后，一定要注意不能让植株在强烈的太阳光下直射，还要注意给植株浇水。直到30～45天后，才能对该多肉花卉进行常规管理。

如果我们想要购买组合盆栽，尤其是将不同种类和不同品种的许多多肉花卉放在一个容器内栽种，为了养护培育起来省心省力，最好不要将生活习性相差甚远的多肉花卉放在一起种植。

最后，我们在购买多肉花卉的时候还要注意季节变化。如果想要购买禁受不住严寒天气的多肉花卉，最好不要在11月到次年的3月期间购买。只有在春夏季节购买，才能更好地培养那些不耐寒的多肉花卉，存活率也才能大大增加。

总而言之，当我们在选购或栽培多肉花卉的过程中，一定要根据实际情况选购合适的多肉花卉养护，我们才能欣赏到生长旺盛、形态可爱的多肉花卉。

三、多肉花卉培养土的选择与换盆

生活中，很多人都喜欢养植多肉花卉，下面就让我们了解一下如何选择多肉花卉的培养土和多肉花卉如何换盆。

1. 多肉花卉的培养土选择

我们在对仙人掌等多肉花卉的栽培过程中，由于盆土容积很小，其水肥的缓冲性和自然土壤无法相提并论。所以，要想保证多肉花卉的存活率，就要确保培养土的各种性能比自然土壤要高一些。具体来说，多肉花卉对培养土有以下要求。

① 我们所选择的土壤必须具有疏松透气的特性，那些含有粉状细尘的土壤就不适合做培养土。此外，多肉花卉的培养土还要有良好的排水效果，为了防止水土流失过快，培养土还要具备一定的保水性能。

② 多肉花卉的培养土要具备一定的肥力，最好不要含有腐烂的有机质。

③ 多肉花卉的培养土最好选择中性或微酸性土壤，还有一些适应微碱性土壤的多肉花卉。因此，我们要根据实际情况选择合适的培养土。

④ 多肉花卉最好选择种植在含有大量有机钙质的培养土中。

⑤ 多肉花卉的培养土最好不要含有任何污染物质。

购买培养土成本较高，我们也可以自己制作培养土，以下几种配方值得借鉴。

配方1：取1份菜园土、1份泥炭土、1份粗砂、1份珍珠岩，再加上半份砻糠灰混合调制均匀。由这个配方制成的培养土对于绝大多数的多肉花卉都较为适用。

配方2：取2份腐叶土和2份粗砂，再加上1份谷壳炭混合搅拌均匀。用这个配方制成的培养土对于那些小型的多肉花卉较为适用。

配方3：取1份细菜园土和1份粗砂，再加上1份椰糠放在一起搅拌均匀。用这个配方制成的培养土对于那些生石花类的多肉花卉较为适用。

配方4：取1份菜园土和1份腐叶土以及1份粗砂，再加入少许骨粉和干牛粪混合在一起搅拌均匀。用这个配方制成的培养土对那些强刺类仙人掌植物较为适用。

此外，对于那些生长缓慢且是肉质根的多肉花卉，我们可以在以上配方的基础上，适当多添加一些粗质砂砾或少许颗粒状的土壤。倘若有些多肉花卉需要在含有石灰质的土壤下才能正常生长，那么，我们可以适量地添加进去一些用贝壳或鸡蛋壳磨成的粉。

需要注意的是，我们自己调配的培养土一定要经过70～90℃的高温消毒1小时后，才能正常使用。一般情况下，把那些调配好的培养土放在大锅内用中火蒸上10分钟左右，或者用中火在炒锅中翻炒10分钟左右，等到冷却后就能正常使用了。

培养土不仅可以自己调制，还能在花卉市场上购买。我们从花卉市场上购买的培养土，主要由泥炭藓、蛭石、椰糠以及珍珠岩等轻质材料和草炭灰或泥炭所构成。购买的培养土对于绝大多数的仙人掌等多肉花卉都比较适用。花卉市场上购买的培养土使用起来也很方便。

第一章 认识多肉花卉

2. 多肉花卉的换盆

当我们用从花卉市场购买或者自己调制的培养土培育多肉花卉一段时间后，我们就会发现盆里的土壤开始出现板结状，这就表明培养土的透气性和排水性变得很差，多肉花卉的根系会将整个花盆填满。遇到这种情况，我们就需要考虑给多肉花卉换一个更有利于其生长的新环境了。

我们应该根据多肉花卉的大小和根系生长情况，挑选一个大小深浅都合适的花盆进行移植。通常情况下，小苗用小盆，大苗用大盆，浅一点的花盆比深一些的花盆更适合多肉花卉生长。

我们需要注意的是，当我们在选择换盆的时候，一定要让植株栽植的深度距离盆口1～1.5cm。在日常生活中，我们常用塑料盆、陶瓷盆、紫砂盆以及瓷釉盆等种植多肉花卉。其中，塑料盆的透气性最差，但塑料盆却胜在价格最为低廉，质地最轻；陶瓷盆的透气性最好，可是，陶瓷盆却有质地较重和容易破损等缺点；紫砂盆的透气性良好，外观也最好看，缺点是价格太贵和很容易发生破损；瓷釉盆的透气性很差，然而有色彩艳丽和造型丰富的优点。总之，以上介绍的花盆各有优点和缺点。我们在选购时，一定要根据实际情况挑选最合适的花盆。

那么，什么时候给植株换盆最好呢？一般来说，我们对于多肉花卉的换盆时间一定要错开植株的休眠期，最好在其生长旺盛的季节，即在3～4月间进行换盆。对于那些在夏天休眠的番杏科的大部分种类、景天科（图1-4）的青锁龙属以及银波锦属的部分种类而言，最好在9月上旬进行换盆。

图1-4 景天科多肉花卉

通常情况下，多肉花卉需要每年换一次盆，不过，对于大戟科和萝藦科的部分多肉花卉来说，由于其根茎比较少且粗壮，可以间隔2～3年或更长时间换一次盆。另外，对于那些生长较为缓慢的多肉植株，也不需要一年换一次盆。

我们在对多肉花卉进行换盆时，需要记住以下操作步骤。

① 当我们想要对多肉花卉换盆时，最好在换盆前3天就停止对多肉花卉浇水。最适合换盆的时候就是在盆土稍微有些发干且还保持一些湿润时，才最不容易伤害植株的根部。当植株脱盆后，我们一定要小心翼翼地将旧土抖掉，再对根部进行修剪，将那些已经腐烂的根茎和已经枯萎的根部以及那些生长过密的根部剪去。注意，修整过根茎的多肉花卉最好放置在荫蔽通风的地方晾干伤口，再换盆栽种。

② 换盆后，一定要确保新盆中的培养土是湿润状态，即用手握住培养土1分钟后，土壤最好先为团状，之后自然松散开。如果不能握成团状，就表明培养土过于干燥；如果握成团的培养土不能慢慢松散开来，就表明培养土太过湿润。

③ 挑选一个干净的花盆，最好在花盆的底部用洗干净的大颗粒石子当作排水层，然后再在上面放置培养土。将植株移植到新花盆里时，为了使植株的根部舒展开，最好是一边往里加土，一边慢慢把植株向上提。最终，确保培养土距离花盆口1.5～2cm处的地方即可。还要注意一点，刚移植的植株不需要立刻浇水，因为植株更适宜在半干的培养土里生根。

④ 一般情况下，移盆后的多肉花卉经过1～2周的缓根过程就会恢复正常。在这段时间内，为了防止植株产生缺水的情况，最好在植株的周围喷水雾，却不要给植株多浇水。在多肉花卉中，大戟科和萝藦科因其根较为粗壮且根须比较少，换盆的时候不需要修剪根部，也不用刻意将其放在荫蔽通风处晾干。植株栽种后可以直接浇水，只需要放在半阴处养护即可。

四、多肉花卉对温度、光照与水的基本要求

在养护多肉花卉的过程中，如果我们要想培育生长状况良好、更具有观赏性的多肉花卉，就需要注意温度、光照以及浇水这3个方面。

1. 多肉花卉的温度

众所周知，绝大多数的多肉花卉都不耐寒，因为多肉花卉多生长在温暖地区，可是对于我国的绝大多数地区来说，即便是在有着持续高温的夏天，多肉花卉同样会出现"水土不服"的现象。

对于那些在春夏秋三季能正常生长的多肉花卉，到了冬季，在温度不满5～10℃的情况下，就会出现生长停滞或者休眠状态的夏型种或和夏型种相似的多肉花卉，例如绝大多数的仙人掌科、龙树科、大戟科中大戟属以及龙舌兰科中绝大多数多肉花卉，在冬天温度达到5℃以上、夏天的温度只要不持续超过35℃的情况下，也能够正常生长且生长状况良好。对于那些从秋季到次年春季，而到了夏季就会出现自然休眠的冬型种，例如番杏科中的生石花属（图1-5）和肉锥花属，景天科的奇峰锦属和银波锦属以及青锁

图1-5　生石花属多肉花卉

龙属等。因为植株原产于温暖的冬天，因此，这些种类尽管在冬天还能正常生长，但必须在室温 8 ～ 12℃的情况下才能安全过冬。夏天来临之际，冬型种多肉花卉即便处于休眠状态，也要将它们放到通风良好的地方。此外，还要适当地对那些植株进行遮阴、降温以及通风等有效措施。

对于那些中间型的多肉花卉，即主要在春秋两季正常生长的种类，它们和冬型种相比更加耐得住寒冷，和夏型种相比更加能忍耐酷热。除此之外，对于那些不怎么耐寒的多肉种类，例如茎干膨大的多肉植株，到了冬天，一定要每天维持比较高的温度。

大体而言，几乎全部多肉花卉在生长旺盛时期，都多在昼夜温差比较大的环境里生长。特别是对于景天科中的石莲花属等观叶类植株而言，昼夜温差越大，叶片的颜色就会更加饱满好看。

2. 多肉花卉的光照

对于绝大多数的植物来说，光照都是植株生长过程中不可或缺的重要因素之一，而对于多肉花卉而言，它们更喜在光照充足的环境下生长。多肉花卉因种类不同，对于光照的要求也不能一概而论。例如，对于仙人掌科中的星球属中有着浓密的白色星点的种类就要对其进行高强度光照，而对于那些没有星点的琉璃星球等，就需要对其进行弱光照。又比如百合科中的芦荟属种类多强光照，百合科中的十二卷属种类则多在阴暗的环境下生长。对于那些被有白粉、蜡质以及有稠密绒毛的种类需要强光照，对于那些斑锦种类，为了避免不被强光晒伤则需要对其进行弱光照。需要注意的是，对于多肉花卉中的小苗和刚换盆植株以及嫁接刚愈合的植株，都要避免进行强光照。

到了夏天持续高温天气的时候，就要对多肉花卉采取适度的遮阴措施，特别是那些夏季休眠的多肉花卉更应该避免强光照；而到了寒冷的冬天，最好让多肉花卉多生长在太阳光下，对于那些在冬季休眠的植株也要如此。

除此之外，我们可以根据仙人掌科中强刺球属种类的刺色，来判断植株原产地的生活环境，为了让那些强刺球属种类的刺色看起来更艳丽、更具有观赏性，我们可以对那些植株采取适当的补光措施。

需要注意的是，尽管对一些多肉花卉进行适当的光照调控可以让那些植物看起来更美观，可是一定要避免在植物的栽培过程中突然大幅度更改光照强度。

3. 多肉花卉的浇水

多肉花卉浇水时应根据植株的生长发育情况进行合理补充水分，切忌盆土积水。对于那些处于生长旺盛期的多肉花卉来说，一定要保证植株对水分的需求。对于那些处于半休眠状态或休眠状态下的多肉花卉来说，最好少浇水或不浇水。总之，要掌握一条原则：在种子萌发阶段和小苗生长阶段，盆土最好维持在湿润的状态；在孕蕾开花期阶段，需要多浇水；在果子凋落或花朵凋谢的阶段，最好少浇水。

除此以外，对于那些生长较为缓慢的多肉花卉，就少浇点水；对于那些叶子多而薄的多肉花卉，就多浇点水；对于那些叶子少且厚的多肉花卉，就少浇点水；对于那些肉质根的多肉花卉种类以及茎干多肉的多肉花卉种类在浇水方面就应该更加细致一些。

当我们给多肉花卉浇水的时候，一定要选择用不含污染源和没有重金属、中性或微酸性的水，一定不要用含有过多钙离子和镁离子的水给多肉花卉浇水。如果我们想要用自来水给多肉花卉浇水，也最好放置两天后，等其中的氯气挥发殆尽后再使用。

当我们在给室内培育的多肉花卉浇水时，要注意水温最好接近室内温度。浇水时间

在各个季节都有所不同。夏季最好选择清晨浇水；冬季最好选择晴朗天气的午后浇水；春季和秋季早上和晚上都适宜给多肉花卉浇水。

当我们在培育多肉花卉时，除了以直接给根系或叶片浇水的方法促进其正常生长，还可以用喷雾的方法增加植株四周的空气湿度，尤其对于那些在炎热夏季不能多浇水的多肉花卉来说，喷雾方法就更加适宜。为了让龙舌兰和芦荟等多肉花卉种类的叶片看起来更新鲜，也更具有观赏性，当空气干燥的时候，我们最好在其四周进行喷雾处理。

值得一提的是，不管是对那些多肉花卉进行浇水也好，喷雾也罢，最好先仔细观察一下土壤的干湿程度以及留心天气的变化情况。

五、多肉花卉常用繁殖方法

要想更好地了解多肉花卉是如何进行繁殖的，就需要从播种、分株、扦插以及嫁接这4个方法进行分析。

1. 多肉花卉的播种繁殖

我们在繁殖多肉花卉的时候，最常使用的方法是播种繁殖。种子繁殖出的苗叫作实生苗。其中一部分多肉花卉的实生苗在开始的时候生长较为缓慢，不过却有株型优美和更具有观赏性的优点。例如夹竹桃科的沙漠玫瑰和惠比须笑等。经过播种繁殖的植株会生长出膨大的茎干，例如大戟科中的一些观茎干种类就是通过播种繁殖的。

播种用土需要选择疏松透气且颗粒比较小的土壤，可选择用2份培养土加1份细砂搅拌均匀，经过高温消毒后使用。一般来说，播种方法分为撒播和点播两种，种子细小且多的种类适合选择撒播的方法，种子较大且少的种类适宜选择点播的方法。点播就是指利用镊子或牙签将种子一粒一粒地种入盆中。

由于番杏科的生石花、肉锥花以及景天科的东云等种子过于细小，所以不需要进行覆土处理；对于像仙人掌科的乌羽玉（图1-6）、星球等和芦荟科的玉露、卧牛等颗粒较大的种类，就需要对其进行覆土处理，并且覆土的厚度最好约等于种子大小的2倍。

图1-6　乌羽玉

一般来说，春秋两季最适合播种，其中在冬季休眠的多肉植株适合于4～5月播种，在夏季休眠的多肉花卉适合选择于9～10月进行播种。播种后的苗盆最好不要放置在强光下，盆土还要处于湿润状态，选择用干净的水给植株浇水，在喷雾的时候也要适量。细小种子最好采取洇灌的方法。洇灌就是将苗盆放在大一点的水盆里，让水通过苗盆底部的排水孔洇入土壤，避免种子被水冲掉。

2.多肉花卉的分株繁殖

分株繁殖就是指利用带根的仔球或仔株繁殖的方法，分株繁殖比播种繁殖的成活率更高一些。例如比较容易萌生出带根仔株或带根仔球的景天科、龙舌兰科和百合科芦荟属以及仙人掌科中的仙人球属等，还有番杏科、仙人掌科、大戟科等一些较易群生的种类，都适合采取分株繁殖的方法进行繁殖。

分株使用的盆土也需要选择疏松透气和消毒过的培养土。春秋两季最适合对植株进行分株繁殖处理。具体操作是将围绕在母株周边的带根幼株小心翼翼地剥离出来后，再种植于早已准备好的盆土中，如果带根幼株有伤口，需要在伤口上涂抹硫黄粉、木炭粉或多菌灵等，等到伤口风干后再移植进新的盆土中。

对于那些群生的多肉植株，可将分生的许多带根幼株分别种植在新的盆土中。例如斑锦品种中百合科的古笛锦、宝草锦以及玉万锦等，就可采取分株繁殖的方法以保证观赏性。

3.多肉花卉的扦插繁殖

对于多肉花卉来说，扦插是最常使用的繁殖方法之一。利用无根的叶片或茎段等进行扦插成活后，慢慢生出根系或新芽的苗叫作自根苗。扦插繁殖包括叶插、茎插、根插以及切顶4种繁殖方法。

（1）叶插

叶插就是指对于景天科石莲花属、青锁龙属，百合科十二卷属的玉扇、万象、玉露等多肉花卉，选择其健壮并有完整基部的叶片，放置在通风处晾晒2～3天，把景天科的叶片平放在盆土上，将百合科十二卷属的叶片斜插在盆土中并放置在半阴处培育，确保盆土湿润，避免积水。经过叶插的植株经过2～3周后就会生根，萌出新芽，等到其长成幼株后再栽植在盆土中。

（2）茎插

茎插就是指对于仙人掌科、大戟科、萝藦科和景天科以及夹竹桃科等多肉花卉，选择其中生长良好的肉质茎，在通风处晾5～10天，直到伤口干燥后，再将其插入盆土中，等到肉质茎生根和萌出新芽以及新叶后再移栽到盆土里。

（3）根插

根插就是指对于百合科十二卷属的万象以及玉扇等多肉花卉，选择那些隔年的健壮实根，用刀子从植株的根基部小心切下，并将切下的根埋入盆土中，顶部露出0.5～1cm，保持盆土处于半湿半干的状态，注意避免强光暴晒，等几天后，顶端就会慢慢发出新芽，并逐渐长成新植株。

（4）枝插

枝插又叫切顶，也叫作砍头，就是指将某些仙人掌和多肉花卉的上部分截断，将上部的枝晾到伤口干燥后再将其扦插于盆土中，一段时间后，就会长成新的植株。切去顶部的多肉花卉的下部几天后就会萌出一至数个新芽，待到新芽长成一定大小时取下，分别将其扦插于新的盆土中，隔一段时间，待其生根后就能长成一株或数株独立的植株。这个方法适用于那些珍贵品种或基部很难萌发仔株的种类，例如仙人掌科的星球品种、景天科的东云品种和龙舌兰科的辉山以及百合科的玉扇、万象、天使之泪（图1-7）等。

图1-7　天使之泪

　　因为植株生根的最适宜温度是18～25℃，所以，我们最好选择在春秋两季进行植株的扦插。一般情况下，最好选择在春天扦插，因为在秋天扦插的幼苗根系没有长成，就很难度过寒冷的冬天。有些球类在切顶后造成的创伤过大，为了使伤口尽快晾干，也会选择在夏季进行扦插。扦插所选用的盆土最好是包含砂、蛭石、珍珠岩、椰糠、木屑等物质的培养土，当幼苗扦插成活后，也要快速将其移植到培养土中细心呵护，移植到新盆中的第一个月不适合施肥。

　　4.多肉花卉的嫁接繁殖

　　嫁接繁殖就是指把母株萌生的仔球、茎或疣突等接穗接到新的砧木上使其生成新植株的一种繁殖方法。嫁接繁殖主要适用于仙人掌科、大戟科、萝藦科以及夹竹桃科的一些种类。

　　嫁接繁殖的优点是：生长速度快，开花时间早。特别是对于斑锦品种这样的多肉花卉，因为其缺乏叶绿素，只能通过嫁接的方法，依靠砧木提供必要的养分才能正常地生长，并保留斑锦品种原本的观赏性能。一些缀化品种以及珍贵品种同样需要利用嫁接的繁殖方法进行保存。

　　当我们对植株进行嫁接时，一定要选择那些植株强健、根系发达以及具有很强的接穗能力的砧木，除此之外，我们所选择的砧木还要有一定的适应性和抗病能力以及耐寒性。目前选择用作嫁接多肉花卉的砧木包括：仙人掌科的量天尺、草球、龙神木、仙人掌以及叶仙人掌等，萝藦科的大花犀角，夹竹桃科的非洲霸王树，大戟科的霸王鞭和帝锦，彩云阁等。

　　那么，什么时候嫁接最适宜呢？这主要取决于砧木本身的生长状况与温度，当砧木恰好处于生长旺盛期并且气温适宜，连续几天都在20℃以上的时候，可进行嫁接。嫁接方法主要包括平接和劈接等。

（1）平接

应用最广泛的嫁接方法是平接。尤其是对于大戟科、萝藦科、夹竹桃科以及大多数的仙人掌种类适合用平接。具体操作是：首先截取健壮的砧木，在合适的部位利用清洁干净的刀横向切断，不要上半部分，再将下半部分砧木切面上的各棱边缘作20°～40°的斜削，接穗下部最好也横向切一刀，并马上将接穗部分安放在砧木切面上。此外，还要注意让接穗与砧木的维管束对齐，必须要有一部分重合，重合部位多些更好，最后用皮筋或绳子纵向捆绑，使之固定住即可。

（2）劈接

劈接这种嫁接方法对于蟹爪兰等茎节平扁的种类比较适用。可选择用量天尺或仙人掌当作砧木，把砧木横向切一刀，再在原有的切口上纵向切一刀，将接穗的下部分削成楔形，立刻插入砧木的切口内，最好用皮筋或绳子捆绑固定好即可。

需要注意的是，刚刚嫁接好的多肉植株需要放在没有阳光直射的地方好好养护。此外，还要让四周保持一定的湿度。通常情况下，嫁接后的砧木和接穗在4～5天后就能成功愈合，大球的愈合期较长。在愈合期间，最好不要浇水，当砧木和接穗彻底愈合后，慢慢将绳子或皮筋松开。之后再开始浇水，逐渐让嫁接好的植株放在阳光下进行光合作用。当我们看到接穗的表皮颜色变得鲜亮饱满时，就表示嫁接成功，以后只需要对嫁接好的植株进行正常的水肥管理即可。

六、多肉花卉施肥与病虫害防治

当我们在培育多肉花卉时，除了定期给多肉花卉浇水外，对其进行施肥和病虫害防治也是很有必要的。

1. 多肉花卉的施肥

给多肉花卉进行施肥的最佳时期，就是在其生长最旺盛的时期和现蕾期。由于绝大多数的多肉花卉到了春秋这两个季节生长旺盛，所以，我们应该尽可能地选择在春秋两季晴朗天气的上午或者傍晚的时候对植株进行施肥处理。此外，只有少数在冬天生长旺盛以及开花的多肉花卉种类，在温度保持稳定适宜的情况下才能施加少许肥料。严禁在夏季高温的情况下给多肉花卉施肥。

另外，对于那些在夏季进行休眠的多肉种类，到了秋天可施加少许肥料。肥料应选择磷钾肥，也可适量地添加一些氮肥。我们在给多肉花卉进行施肥的时候，可以选择天然肥料或到花卉市场上购买多肉花卉专用的肥料。其中，天然肥料包括饼肥、鸡和鸽子等的粪便、牛粪、骨粉以及鱼肠等，这类肥料都需要腐熟后才可使用。我们从花卉市场购买的专用肥料，使用起来更加方便，最主要的是不含臭味。我们在市场上能买到颗粒状或细棒状的缓释肥，使用效果十分不错。施肥的时候，只需要将之埋入或插进盆土里就行。

施肥的浓度要尽量淡一些，也就是说施薄肥。施肥前盆土应基本干燥，若先松土再施肥效果更好，施肥时注意不要把肥水溅到叶片或植株体上，以免引起腐烂。

2. 多肉花卉常见病虫害的防治

（1）蚧壳虫

蚧壳虫主要对仙人掌科、龙舌兰属以及十二卷属等多肉花卉危害较大。蚧壳虫主要用口器吸吮植株的汁液，造成其生长衰弱，严重的还会直接导致植株死亡的现象发生。蚧壳虫成虫的外壳被有蜡质，属于非常顽固的害虫。一经发现，必须及时购买具备融蜡性的杀虫剂，例如蚧必治、吡丙醚以及克百威等对植株进行防治。

（2）红蜘蛛

红蜘蛛主要对仙人掌科、大戟科以及萝藦科等多肉花卉造成一定的伤害。被红蜘蛛毁坏的植株，不仅看起来没有生命力，还能发现其表皮出现了如同铁锈一般的颜色，极大地影响其观赏性。当遇到高温干燥的不良天气状况时，一定要注意及时通风，或用在植株的四周喷水雾增加空气湿度的方法，预防红蜘蛛的大量繁殖。一旦发现植株被红蜘蛛破坏，最好快速用氧化乐果、三氯杀螨醇等杀虫剂喷洒在植株表面。杀虫剂的浓度可根据说明书上的比例配制。

（3）蚜虫

蚜虫（图1-8）主要对景天科以及菊科的多肉花卉危害最大。蚜虫多吸吮植株幼嫩部位的汁液，造成其生长衰弱，尤其是蚜虫的分泌物对蚂蚁有很强的吸引力。这样一来，又给植株造成二度伤害。当植株上发现蚜虫后，可选择使用40％的氧化乐果1000倍液进行喷洒。

图1-8 蚜虫

（4）白粉虱

白粉虱主要对仙人掌科和菊科等多肉花卉造成很大的危害。白粉虱往往在植株体表面就能轻易被发现。被白粉虱破坏的多肉花卉会出现发黄、枯萎的现象，还很有可能诱发植株患上煤烟病。当我们发现白粉虱这种虫害后，可选择使用40％速扑杀乳剂2000倍液对其进行喷杀。

（5）炭疽病

炭疽病主要对仙人掌科和百合科等多肉花卉的茎表皮和叶片造成巨大危害。在高温潮湿的梅雨季节，感染炭疽病的植株茎叶表面就会显现出褐色的病斑，甚至慢慢地进一步扩大腐烂面积。若想植株不受炭疽病的侵扰，一定要加强通风，避免高温和潮湿的环境。发现炭疽病时，可选择使用70％甲基硫菌灵可湿性粉剂1000倍液对其进行喷洒。

（6）叶枯病

叶枯病主要对景天科等多肉花卉的叶片造成巨大危害。感染叶枯病的植株，在最开始的时候，基部叶片会出现类似圆形的病斑，之后病斑进一步扩大，甚至导致整片叶子枯死的严重现象发生。发现感染叶枯病的植株后，最方便快捷的办法就是将那些染病的叶片剪掉，再对其喷洒70％托布津可湿性粉剂1000倍液。

（7）锈病

锈病主要对仙人掌科以及景天科等多肉花卉的茎表皮和叶片造成很大危害。感染锈病的植株在最开始的时候会出现锈褐色病斑，之后会不断朝四周扩散，情况严重时，我们能看见整个多肉花卉都出现了锈色病斑。因此，要想预防锈病的发生，当我们平时给植株浇水的时候，尽可能地避免植株被水淋到，还要将其放置在通风的环境里。如果植株不幸感染了锈病，最好选择利用12.5％烯唑醇可湿性粉剂2000～3000倍液对其进行喷洒。

Chapter *2*

第二章　龙舌兰科多肉花卉栽培与养护

一、龙舌兰栽培与养护

1. 形态特征

龙舌兰（图2-1）为多年生肉质草本植物。龙舌兰植株四季常绿；叶片肉质，披针形或剑形，长1～2m，中部宽20cm左右，基部宽12cm左右，通常有40枚左右的叶片，呈莲座状排列；叶缘有稀疏肉刺，顶端有1枚长2cm的暗褐色硬刺；圆锥花序，高10m左右，多分枝，花黄绿色；花期为5～6月。

2. 生长习性

龙舌兰喜充足的光照，尤其多在凉爽、干燥的环境下生长，不常在荫蔽的环境下生长。龙舌兰的生长温度

图2-1　龙舌兰

白天最好维持在15～25℃；夜晚的温度维持在10～16℃时生长状况良好。龙舌兰在冬季冷凉并干燥的气候下生长状况最好。龙舌兰有非常强的耐旱力；它对土壤要求很低。

3. 栽培养护

龙舌兰非常能适应日照充沛的环境，冬天尽量提供充足的日照。最低生长温度为7℃左右，温度过低时应移到室内养护。生长期间给予充分的水分，冬季休眠期中不宜浇灌过多的水分。龙舌兰最好每年施肥1次。不需经常换盆，盆土以肥沃、疏松以及排水性良好的湿润砂质土壤为宜。

4. 繁殖方法

龙舌兰常用分株、扦插、播种的方法进行繁殖。

（1）分株繁殖

龙舌兰分株往往在春季换盆时进行。具体操作是将龙舌兰的老株基部萌生的幼芽小心取下，将之直接移栽到盆中即可。无论幼芽是否有根都能成活，龙舌兰的成活率很高。

（2）扦插繁殖

在龙舌兰生长旺盛的时候，将其叶腋处萌发的幼芽取下，晾晒5～7天，等到伤口

愈合后，再分别栽种在排水、透气的盆土中，很容易生根成活。

（3）播种繁殖

若能采集到龙舌兰的种子也可进行播种繁殖。播种繁殖有相当高的出苗率，幼苗管理也不算困难。龙舌兰种子萌芽需要适宜的气候环境。一般夜晚温度维持在15℃以上，白天的温度维持在30℃左右即可。如果夜间的温度在10℃以下，或者白天的温度在20℃以下，都会对龙舌兰的发芽率产生不利影响。当把龙舌兰的种子进行播种后，最好在培养介质上覆盖一层透明玻璃片以便于保温保湿。在7～10天后，就可萌出新芽。

二、金边龙舌兰栽培与养护

别名 金边假菠萝、金边莲

图2-2 金边龙舌兰

1. 形态特征

金边龙舌兰（图2-2）为多年生肉质草本植物。金边龙舌兰植株四季常绿，茎短；叶片披针形或剑形，肉质，挺拔，长1m左右，呈莲座状排列；叶片平滑，绿色，叶缘有黄白色条带，有红褐色锯齿；花肉质，黄绿色；花期多在夏季。

2. 生长习性

金边龙舌兰喜温暖且有充足光照的环境，适宜在疏松、透水的土壤里生长；最适宜生长的温度为15～25℃；有极强的耐旱力。

3. 栽培养护

盆栽金边龙舌兰常用腐叶土加粗砂的混合土。在生长期每月施肥1次。夏季增加浇水量，遇烈日时，稍加遮阴。到了秋天，随着气温下降，金边龙舌兰的生长开始变得缓慢。此时，就要注意少浇水，让盆土尽可能地保持干燥，在适当培土的同时停止施肥活动。

4. 繁殖方法

金边龙舌兰常用分株、播种的方法进行繁殖。

（1）分株繁殖

分株最好选择在早春4月的换盆期进行。具体操作是首先将金边龙舌兰的母株倒出，再把旁生的蘖芽剥下栽种于培养土中。

（2）播种繁殖

只有10年以上生的金边龙舌兰才可以通过异花授粉开花结果，将收集到的金边龙舌兰种子在4～5月期间进行播种，大约2个星期后即可发芽。另外，金边龙舌兰有很长的幼苗生长期，当金边龙舌兰成苗后，生长速度就会加快。

三、狐尾龙舌兰栽培与养护

1. 形态特征

狐尾龙舌兰（图2-3）为多年生常绿植物。狐尾龙舌兰株高可达1m，茎干短而粗壮；叶片长卵形，长80cm左右，宽20cm左右，簇生于茎上，呈莲座状排列；叶端为狭长尖形，叶色翠绿色，被有白粉；穗状花序，形如狐尾，花茎高大，长达3～7m，花黄绿色；花期多在夏季。

2. 生长习性

狐尾龙舌兰的适应性极强，喜半阴环境，在阳光下生长也很健壮；土壤要求干燥，但潮湿处也能生长。

图2-3 狐尾龙舌兰

3. 栽培养护

狐尾龙舌兰冬天要注意保温，白天放在靠窗户边有阳光的地方，晚上在没有取暖设施的室内需要把玻璃瓶放塑料袋或者纸箱里。

4. 繁殖方法

狐尾龙舌兰最适合采用分株的方法进行繁殖。

四、雷神栽培与养护

图2-4 雷神

1. 形态特征

雷神（图2-4）为多年生肉质植物。雷神株高20cm左右；叶片肉质肥厚，倒卵状匙形，长20cm左右，宽8cm左右，基部窄而厚，先端三角形，呈莲座状排列；叶灰绿色，叶缘有稀疏肉刺，叶尖有细长的红褐色硬刺；总状花序，长数米，花黄绿色；花期多在夏季。

2. 生长习性

雷神对环境的适应性很强，多在温暖干燥和阳光充足的环境下生长；比较耐寒，即便在荫蔽的环境下也能存活一段时间；有很强的耐旱力，最怕水涝。

3. 栽培养护

雷神在生长期浇水应待盆土干透后再浇，盆内不可积水；生长过程中，保持充足的光线；入秋后生长缓慢，盆土要保持干燥；需每年换1次盆，以排水良好、肥沃的砂壤土为宜。

4. 繁殖方法

雷神最适合采取分株的方法进行繁殖。具体操作是在春天的4～5月期间，将雷神母株基部萌发的子株小心挖出来，带根的直接移栽到新盆里，不带根的可以暂时插于砂床中，等到其生根后再移入盆土中。

五、王妃雷神栽培与养护

别名 姬雷神

1. 形态特征

王妃雷神（图2-5）为多年生肉质植物。王妃雷神植株较小，低矮，株高7cm左右，无茎；叶片肉质肥厚，质软，短匙形或倒卵状，宽而短，呈蟹壳状，叶片两侧向中间折叠，叶背拱起；叶色为青灰绿色，被有白粉；叶缘有稀疏肉齿，齿端生有红褐色短刺，叶尖有1枚红褐色中刺；总状花序，花黄绿色；花期多在夏季。

图2-5　王妃雷神

2. 生长习性

王妃雷神多在温暖的环境下生长，王妃雷神最适宜生长的温度为18～25℃，白天的温度在22～25℃，夜间的温度在18～21℃。王妃雷神不耐寒，在夏季高温天气来临时，还要注意通风；多在偏干的土壤环境生长，耐旱能力较强。

3. 栽培养护

王妃雷神在生长期间要少浇水，严格遵循"不干不浇，浇则浇透"以及"宁干勿湿"的原则。夏季应该逐渐增加浇水量，王妃雷神到了冬季会休眠，这时候就要少浇水，使盆土保持在比较干燥的状态下即可。每隔2～3年翻盆1次。盆土需要选择疏松、排水良好以及肥沃且含有适量石灰质的砂质壤土。每月需要施加1次氮磷钾复合肥，需要遵循"薄肥多施"的原则，冬季不用施肥。

4. 繁殖方法

王妃雷神常用播种、分株、扦插的方法进行繁殖。

（1）播种繁殖

王妃雷神适合在3～4月期间在室内盆中播种，王妃雷神在21～24℃的温度下出芽率最高，因此需要严格控制好温度，大约等14～21天就能发芽。

（2）分株繁殖

大的王妃雷神植株在开花结果后，其基部会萌发一些小株，在翻盆的时候只需将子株取出另行栽植。无根的王妃雷神小株最好先插入保持基质湿润的砂床中，几天后就能生根，最后再移入盆中即可。

（3）扦插繁殖

当看到王妃雷神植株的叶腋处萌发出幼芽后，就可将幼芽取下，晾5～7天，等到幼芽的伤口愈合后再将之插入到培养土中，王妃雷神很容易生根成活。另外，也可将王妃雷神的幼芽插到粗砂和蛭石等不含有机质的基质中，等到其生根后再移栽入新的培养土中。只要培养土是经过消毒杀菌的，通常情况下就不会出现烂苗现象。

六、吹上栽培与养护

别名 无

1. 形态特征

吹上（图2-6）为多年生肉质草本植物。吹上植株近无茎，高25～50cm；叶丛生状，线状披针形，细长且坚硬，青绿色具白粉；花红色，花期多在夏季。吹上叶色青翠，细长的叶片别有风韵，为龙舌兰属的经典名种。

2. 生长习性

吹上喜温暖、光照充足和干燥通风的环境，耐干旱，怕积水。生长适温为18～30℃。

3. 栽培养护

吹上可在春秋季节正常浇水，生长期每月施低氮素肥1次。夏季稍多浇水，可喷水，稍遮阴。冬季减少浇水，越冬温度不低于5℃。盆土宜用肥沃、疏松和排水良好的砂壤土。

4. 繁殖方法

吹上适合采用侧芽分株的方法进行繁殖，全年都可以进行。

图2-6 吹上

七、泷之白丝栽培与养护

别名 无

1. 形态特征

泷之白丝（图2-7）为多年生肉质植物。泷之白丝植株叶子近线形或剑形，基部宽厚，上部细长，质地硬，肉质，呈放射状生长，稍弯曲；叶面上有少许白色线条，叶尖有一个硬刺，长约1cm；叶色浓绿色，表面光滑，有角质层，生有稀疏细长而卷曲的白色纤维；花红褐色，小花；花期多在夏季。

图2-7 泷之白丝

2. 生长习性

泷之白丝多在温暖和干燥以及有充足光照的环境下生长，在温暖的季节中正常生长，到了寒冷的冬季就会处于休眠状态。泷之白丝有一定的耐寒性和耐旱性，不多在荫蔽环境下生长，害怕积水，环境温度只要在5℃以上，就能安全越冬。

3. 栽培养护

泷之白丝在生长期要给予充足的光照。严格遵循"不干不浇，浇则浇透"的原则，注意盆土不可积水。在炎热的夏季，一定要注意通风，不要将泷之白丝放置在闷热、潮湿的环境中。到了冬天，可将泷之白丝放在室内有光照处，少浇水。处于生长期间的泷之白丝需要每隔15～20天施肥1次，可选用腐熟的稀薄液肥或者低氮、高磷、钾复合肥。每年3月底到4月初换盆1次。盆土需要满足疏松、含钙质以及有一定颗粒度的要求。

4. 繁殖方法

泷之白丝最好结合春季换盆时用分株的方法进行繁殖。具体操作是当泷之白丝母株萌出侧芽后，小心将侧芽取下，有根的直接栽种，无根的晾2天后再移栽到盆土中；也可选取生长期母株旁生长旺盛的芽直接栽种，就能保证存活率。对于那些没有萌生侧芽的泷之白丝植株，可以破坏其顶部的生长点；或者直接将主茎的上半部分剪掉，晾7～10天，等到伤口干燥后，再插入粗砂或赤玉土等介质中生根，留下的部分很可能分生出很多小芽，也能上盆栽种。除此以外，如果能够采取到泷之白丝的种子，还可进行播种繁殖。

八、狭叶龙舌兰栽培与养护

别名 薄叶龙舌兰

1. 形态特征

狭叶龙舌兰（图2-8）为多年生常绿草本植物。狭叶龙舌兰植株茎短，25～50cm。叶片剑形，长45～59cm，宽6～7cm，肉质，呈莲座式排列。叶缘有小刺状锯齿，顶端有1枚暗褐色、长约1cm的尖硬刺；花序圆锥状，长可达7m，花序有分枝，开淡绿色花；花期多在夏季。

2. 生长习性

狭叶龙舌兰多在温暖的环境下生长，不耐寒；多进行充足的光照，也能在一定的荫蔽环境下存活；比较耐干旱，在水分充足的条件下生长较好。

3. 栽培养护

狭叶龙舌兰夏季要多浇水，冬季少浇水。在初霜前移入室内养护。生长期每月施肥1次。

4. 繁殖方法

因狭叶龙舌兰容易产生吸芽，故常用分株的方法进行繁殖。

图2-8 狭叶龙舌兰

九、笹之雪栽培与养护

别名 厚叶龙舌兰、女王龙舌兰、鬼脚掌

1. 形态特征

笹之雪（图2-9）为多年生肉质草本植物。笹之雪株高可达40cm，无茎；叶片肉质，三角锥形，轮生，长15cm左右，宽5cm左右，呈莲座状排列；叶片绿色，有不规则的白色条纹；叶顶有黑硬刺，叶背及叶缘的龙骨突上均有白色角质；穗状花序，高达4m，花淡绿色。

图2-9 笹之雪

2. 生长习性

笹之雪的植株较为强健，耐干旱；多在光照充足、温暖以及干燥的环境下生长；稍耐半阴和寒冷，不多在荫蔽和水涝的情况下生长。笹之雪的生长最适温度为15～30℃，越冬温度不能在5℃以下，也可以在0℃的低温下生长一段时间。

3. 栽培养护

笹之雪在生长期浇水要做到"不干不浇，浇则浇透"，避免盆土积水；夏季适当遮光，注意通风；冬季需要将其放置在光照充足的阳台上，注意少浇水，不施肥。生长温度最好在0℃以上。笹之雪生长期每10天左右施肥1次，最好选择用腐熟的稀薄液肥或复合肥。幼株每年春季翻1次盆，成株每2～3年春季翻1次盆，盆土最好选择用疏松肥沃、排水透气以及含有适量石灰质的砂质土壤。

4. 繁殖方法

笹之雪最好选择用分株、扦插的繁殖方法进行繁殖。养护好的笹之雪可以在其株径8～10cm的幼龄阶段，从茎基处萌生仔株。最好结合春秋季节换盆的时候，把仔株分离出来另外栽植，也可将植株切顶，把上半部分晾干后进行扦插，较易发根。经过1～2个月后，下部分茎基就能萌生出仔株，等到仔株长到一定大小的时候，可将仔株分离出单独移栽到培养土中。

十、小型笹之雪栽培与养护

别名 | 小型鬼脚掌

1. 形态特征

图2-10　小型笹之雪

小型笹之雪（图2-10）为多年生肉质草本植物，是笹之雪的栽培变种。小型笹之雪株高8～10cm，株幅10～18cm，无茎；叶片肉质肥厚，三角状锥形，呈莲座状排列；叶色为深绿色，有不规则的白色条纹；叶顶生有硬刺，棕色。

2. 生长习性

小型笹之雪喜光，盛夏适当遮阴；生长适温为15～25℃。

3. 栽培养护

小型笹之雪每10天施腐熟的稀薄液肥1次，生长期要保持盆土稍湿润。

4. 繁殖方法

小型笹之雪的母株萌发出子株后，可用分株的方法进行繁殖。

十一、树冰栽培与养护

别名 | 无

1. 形态特征

树冰（图2-11）为多年生肉质植物。树冰植株多为中小型，株高15～25cm，株幅25～40cm，无茎或短茎；叶片窄披针形至线形，质地坚硬，上部细而尖，基部宽而厚，呈放射状排列；叶片青绿色，叶尖有硬刺，褐色，长15～20cm，宽0.6～2cm；叶缘有

白色卷曲的丝状纤维；花序可达1.5m，花淡黄绿色，花期在春末至夏初。

2.生长习性

树冰宜全日照；生长适宜温度15～35℃，低于-5℃易受寒害；耐干旱。

3.栽培养护

夏季可适当增加浇水，入秋后需控制浇水，盆土保持稍干燥，入冬后则完全停止浇水；盆土要求疏松、透气、排水性良好；生长期每月施肥1次，冬季停止施肥。

4.繁殖方法

图2-11 树冰

树冰可采用叶插、播种、分株的方法进行繁殖。可在生长季将树冰植株周边的小植株或徒长植株的上部枝条用刀割下，晾1个星期后栽种在潮土中，1个星期后正常浇水。

十二、吉祥天锦栽培与养护

别名 吉祥冠锦

1.形态特征

吉祥天锦（图2-12）为多年生肉质植物，是吉祥天的斑锦品种。吉祥天锦株高10～15cm，株幅20～30cm；叶片为倒广卵形，顶部较尖，叶长约8cm，宽约4cm，叶缘有黑色短齿，叶尖有硬刺；叶面青绿色，中间有浅绿色条纹；总状花序，花淡黄色；花期多在夏季。

2.生长习性

吉祥天锦喜温暖湿润以及阳光充足的环境，耐干旱，不耐寒。生长期可放在光线明亮处养护，否则会造成株型松散。

图2-12 吉祥天锦

3.栽培养护

吉祥天锦日照充沛，冬天温度过低时，宜移到室内养护，其余时间可在户外栽培。生长期间必须给予充分的水分，冬季休眠期中不宜浇灌过多的水分。施肥的次数以每年1次为宜。

4.繁殖方法

吉祥天锦在生产中常用分株、扦插、播种的方法进行繁殖。

（1）分株繁殖

吉祥天锦多在生长季节进行分

株，一般结合春季换盆时进行分株繁殖。具体操作是将老株基部萌发的幼苗取下，有根的直接上盆栽种。吉祥天锦是否有根都能成活。

（2）扦插繁殖

扦插需要在生长季节进行，具体操作是将吉祥天锦叶腋处萌发的幼芽取下，晾5～7天，等伤口干燥后再移栽到排水并透气性良好的培养土中，极易生根成活。

（3）播种繁殖

选取颗粒饱满的种子，插散于适合的土壤中即可，待小苗长出2片新叶后即可移栽。

十三、五色万代锦栽培与养护

别名 五彩万代、五色万代

1. 形态特征

五色万代锦（图2-13）为多年生肉质植物。五色万代锦株高20cm左右，无茎，呈疏散排列的莲座状；叶片剑形，肉质，质地坚硬有韧性，中间稍凹，叶不易折断；叶子中间有黄绿色带，两边有墨绿色带，边缘有黄色带，共5条色带；叶缘有淡褐色肉齿，呈波浪形，叶尖有褐色硬刺。

图2-13 五色万代锦

2. 生长习性

五色万代锦喜温暖干燥和阳光充足的环境，耐干旱，怕积水。

3. 栽培养护

五色万代锦的盆土要疏松肥沃，排水透气性良好，最好是有较粗颗粒度的土壤。生长期浇水掌握"干透浇透"的原则，每月施1次薄肥，夏季避免烈日暴晒，注意通风，冬季宜维持10℃左右。

4. 繁殖方法

五色万代锦适合用播种或分株的方法进行繁殖。

十四、黄纹巨麻栽培与养护

别名 金心缝线麻

1. 形态特征

黄纹巨麻（图2-14）为多年生肉质草本植物。黄纹巨麻株高0.9～1.2m，株幅

1.8～2.4m，呈疏散排列的莲座状；叶片肉质较薄，宽披针形；叶面绿色，中间有乳黄色和白色相间的纵向条纹；圆锥花序高6～12cm，花淡绿色；花期多在夏季。

2.生长习性

黄纹巨麻属于阳性植物，多在强光照下生长，稍耐半阴，生性强健。黄纹巨麻生长缓慢，不需要常常对其进行修剪，比较耐高温和干旱，抗风、抗污染，移植起来非常容易。

3.栽培养护

黄纹巨麻盆栽的盆底排水洞要留有足够的间隙，具有良好的排水性能。夏季可适当增加浇水，入秋后需

图2-14　黄纹巨麻

控制浇水，盆土保持稍干燥，入冬后则完全停止浇水；喜肥，生长期间每1～2个月追肥1次，冬季停止施肥。

4.繁殖方法

黄纹巨麻常用分株、播种或取花梗上芽体的方法进行繁殖。

十五、黄边万年兰栽培与养护

别名 金边缝线麻

图2-15　黄边万年兰

1.形态特征

黄边万年兰（图2-15）为多年生肉质草本植物。黄边万年兰株高约1m，短茎；叶片剑形，呈莲座状排列；叶中绿色，边缘有黄色纵向条纹和尖锐的锯齿，叶色四季清新；圆锥状花序，开花时花葶可高达5～6m，花白色，长6～7cm；花期多在夏季。

2.生长习性

黄边万年兰喜高温，耐旱。生长适宜温度为15～35℃，低于5℃易受寒害。

3.栽培养护

黄边万年兰栽培以疏松的砂质壤

土最佳，排水、日照需良好；生长期每半月施肥1次，冬季停止施肥。

4.繁殖方法

黄边万年兰可采用分株或花梗芽体栽植的方法进行繁殖，春夏秋三季都适合繁殖。

十六、酒瓶兰栽培与养护

1.形态特征

酒瓶兰（图2-16）为小乔木观叶肉质植物。酒瓶兰株高可达5m，根肉质块状，茎庞大，茎干下部似酒瓶般膨大，表皮褐色或灰白色；茎皮有厚木栓层，有小方块状的龟裂纹；叶片簇生于单一的茎干顶端，革质，线形，细长，质软，下垂，细齿缘或全缘；叶色四季常绿；花序圆锥状，生于叶丛中，花小，白色；花期多在夏季。

2.生长习性

酒瓶兰喜全日照，稍耐半阴，较耐旱、耐寒；生长最适宜温度为16～28℃，0℃以上可安全越冬。喜肥沃土壤，在排水通气良好、富含腐殖质的砂质壤土中生长较佳。

3.栽培养护

酒瓶兰在春秋季可适当增加浇水，入冬后则控制浇水。在秋、冬、春三季可以给予充足的阳光，但在夏季要遮阴50%以上。当酒瓶兰处于生长旺盛季节时，肥水管理要遵循"肥料—清水—肥料—清水"的顺序循环，每隔1～4天为1个周期，晴天或高温时期的间隔周期短些，阴雨天或低温时期的间隔周期最好长些或者不浇水。冬季植株进入休眠或半休眠期，要将瘦弱、病虫害、枯死以及过密等的枝条修剪掉。

4.繁殖方法

酒瓶兰适合用播种和扦插的方法进行繁殖。

（1）播种繁殖

酒瓶兰通常在深秋、早春季或冬

图2-16　酒瓶兰

季进行播种繁殖，播种后经过20～25天发芽，苗高4～5cm时移栽到新盆里，因酒瓶兰的幼苗生长极为缓慢，只有等到次年后才可供观赏。酒瓶兰播种后，如果不幸赶上寒潮低温的时候，最好用塑料薄膜把花盆整个包起来，以便于保温保湿，等到幼苗出土后，一定要记得及时把薄膜揭开，并在每天上午的9点半之前，或在下午的3点半之后让幼苗接受光照，否则酒瓶兰幼苗很难正常生长。

（2）扦插繁殖

酒瓶兰往往在春末秋初用当年生的枝条进行嫩枝扦插，或者在早春用去年生的枝条进行老枝扦插。当酒瓶兰进行嫩枝扦插的时候，在春末到早秋期间酒瓶兰生长旺盛的季节里，选用当年生粗壮的酒瓶兰枝条作为插穗。具体操作是将枝条剪下后，选取壮实的部位，剪成5～15cm长的一段，每段最好带3个以上的叶节。

十七、虎尾兰栽培与养护

别名 虎尾掌、锦兰、虎皮兰、千岁兰

1. 形态特征

虎尾兰（图2-17）为多年生肉质草本植物。虎尾兰植株茎呈根状；叶片为长条状披针形，扁平，基生，革质，质地坚硬，直立向上生长，叶片稍向内卷，基部稍呈沟状，上宽下窄；叶面暗绿色，叶背白绿色，有横向斑纹，为深绿色和浅绿色相间；总状花序，花葶高50cm左右，花白色至淡绿色，簇生，花梗长6mm左右；生小浆果；花期为11～12月。

2. 生长习性

虎尾兰具有很强的环境适应性，喜温暖潮湿，耐干旱，喜光照，也耐阴，对土壤要求很低，多在排水性较好的砂质壤土中生长。其生长适温为20～30℃，越冬温度最好在10℃以上。

3. 栽培养护

虎尾兰的盆土宜选湿润偏干的土壤，表土干透后浇水。夏季可适当增加浇水，入秋后需控制浇水，盆土保持稍干燥，入冬后减少浇水。生长期每10～15天施肥1次。

4. 繁殖方法

虎尾兰可采取分株和叶插的方法进行繁殖。

（1）分株繁殖

分株繁殖是虎尾兰最常用的一种繁殖方法。具体操作很简单，由于虎

图2-17 虎尾兰

尾兰的根茎十分粗壮发达，容易向外伸出匍匐茎，只需要用刀将新伸出的根茎稍带部分根系一起割下，晾干切口后再栽入花盆中，将土压实并浇透水。2～3年后，虎尾兰的根茎和叶片就能满盆。也可结合换盆，将整个虎尾兰植株从盆内倒出，用锋利的刀子将根茎割断，之后分别上盆栽植。

（2）叶插繁殖

虎尾兰通常在春秋两季采用叶插的方法进行繁殖。具体操作是将虎尾兰的叶片剪成数段，每段长5～8cm，晾晒1～2天，等到伤口风干后再插入砂土中，深度为3cm左右，将砂土压实并浇透水，放置在半阴处，很容易成活。

十八、圆叶虎尾兰栽培与养护

别名 简叶虎尾兰、简叶千岁兰、棒叶虎尾兰

1. 形态特征

圆叶虎尾兰（图2-18）为多年生肉质草本植物。圆叶虎尾兰有短茎，叶片细圆棒状，肉质，直立生长，长1m左右，粗3cm左右，有数道竖状沟槽，顶端尖细；叶片深绿色，有横向的灰绿色虎纹斑；总状花序，花小，筒状，淡粉色或白色；花期多在夏季。

2. 生长习性

圆叶虎尾兰多在温暖湿润的环境下生长，比较耐干旱，喜光照也耐阴，对环境的适应能力比较强。

3. 栽培养护

圆叶虎尾兰可采用腐叶土和园土等量混合并加少量腐熟基肥作为基质。除了在盛夏季节避免强光照外，其他季节都应该多接受阳光。要适量浇水，遵循"宁干勿湿"的原则。在圆叶虎尾兰的生长旺盛期适当多浇水，保持盆土湿润；秋末冬初时应控制浇水量，盆土保持相对干燥，以便增强其抗寒力。生长季每月需要施加1～2次稀薄液肥。

4. 繁殖方法

圆叶虎尾兰可采用分株和扦插的方法进行繁殖。

（1）分株繁殖

将圆叶虎尾兰叶与根茎过密的植株分成几盆，等到长得拥挤时再分盆。

（2）扦插繁殖

主要采用叶插的方法进行繁殖，具体操作是将圆叶虎尾兰的叶片剪成

图2-18　圆叶虎尾兰

10cm小段，晾干后插入培养土中，一般等到生根后再在根茎上长出新芽，因此新芽通常在盆边钻出土面。

十九、金边虎尾兰栽培与养护

别名 金边虎皮兰

1. 形态特征

金边虎尾兰（图2-19）为多年生肉质草本植物。金边虎尾兰根茎埋于地下，株高可达1m；叶片剑形，革质，扁平，直立生长，基部丛生；叶长50～100cm，宽5～8cm，全缘，先端尖；叶浅绿色，有深绿色和白色相间的横向虎纹斑，叶缘有金黄色条带，叶表面有很厚的蜡质层；花期为11月。

2. 生长习性

金边虎尾兰喜温暖，20～25℃生长最佳，冬季室内生长温度最好不低于8℃；喜阳光，喜干旱，盆土要干透再浇肥水；在生长期，每周结合浇水施薄肥1次；喜洁净，应常用干净光滑的布擦净叶面灰尘。

3. 栽培养护

金边虎尾兰最好用泥盆栽植，选用疏松、通气、排水良好的土壤；夏季高温多浇水，保持盆土湿润；室温低于5℃时停止浇水。

4. 繁殖方法

金边虎尾兰适合用分株和扦插的方法进行繁殖。

（1）分株繁殖

最好在4月份结合换盆进行分株，具体操作是将金边虎尾兰的全株从盆中倒出，去掉旧的培养土，再沿着根茎的走向分别用刀切为数株，每株至少含有3～4枚成熟叶片，分别用新培养土上盆种植。

（2）扦插繁殖

金边虎尾兰扦插繁殖主要采用叶插的方法进行繁殖，在气温达到15℃以上才能进行。具体操作是将成熟的叶片横切成7～8cm长的小段作为插穗，等到晾干后再插于砂土中。扦插的培养土需要保持一定的湿度，但也不应过湿，以免造成腐烂。

图2-19　金边虎尾兰

二十、短叶虎尾兰栽培与养护

别名 小虎尾兰、虎耳兰

1. 形态特征

短叶虎尾兰（图2-20）为多年生肉质草本植物，属于虎尾兰的常见栽培品种。短叶虎尾兰的植株普遍低矮，株高大约在20cm以下。叶片革质，簇生，繁茂，由中央向外回旋，相互重叠成鸟巢状；叶扁平，直立，短而宽，先端尖，长卵形；叶长10～15cm，宽12～20cm；叶面多为浓绿色，有不规则的银灰色横向斑纹。

2. 生长习性

短叶虎尾兰多在非强光下生长，也能耐半阴环境。适宜生长的温度为20～30℃，不耐寒，如果越冬温度在10℃以下时就会停止生长，在2℃以下时很可能出现死亡。

3. 栽培养护

栽培短叶虎尾兰适合选用疏松肥沃、排水以及透气性良好的砂质土壤，可采用腐叶土、园土和粗砂各1份混合配制。每年春季气温回升后都要翻盆1次。分株或扦插幼苗盆栽后不宜多浇水。夏季根茎上长出新株后，浇水可多些，每半月施肥1次。盛夏高温季节稍加遮阴喷雾。

4. 繁殖方法

短叶虎尾兰一般采用分株的方法进行繁殖。结合春秋两季换盆的时候，用锋利的刀子将分生仔株割离后另行种植。如果想要大量繁殖短叶虎尾兰，可在春天生长旺盛的季节里，将健壮充实的叶片切割成6～7cm的小段，在荫蔽处晾晒2～3天后扦插，保持基质湿润，大概在1个月后就能生根发芽，再慢慢长成新株。

图2-20　短叶虎尾兰

第三章　百合科多肉花卉栽培与养护

一、绫锦栽培与养护

| 别名 | 波路 |

图3-1　绫锦

1. 形态特征

绫锦（图3-1）为多年生肉质草本植物。绫锦植株高度可达12cm，深绿色，呈莲花状；叶片长7～8cm，呈披针形，肉质，且叶边缘长有细锯齿，叶片上有粉白色斑点和软刺；秋季开花，橙红色，呈筒状。

2. 生长习性

绫锦喜温暖，尤其多在非强光的环境下生长。绫锦不耐寒，因此不适合在寒冷环境下种植。要想让绫锦生长良好，温度最好保持在20～28℃，越冬温度最好保持在5℃以上。

3. 栽培养护

绫锦在生长期间需要每隔半个月施肥1次。刚刚种植好的绫锦要少浇水，生长旺盛期间要多浇水，夏冬两季需要控制浇水，始终让土壤表面保持干燥即可。冬季由于盆土过湿会导致植物根部腐烂和叶片萎缩等现象。如果出现此现象，应立即将植物从盆中取出，剪去腐烂的根部，稍微晾干后重新移栽至花盆中即可，要注意土壤的湿润度，并控制浇水。

4. 繁殖方法

绫锦以分株繁殖为主，对于株茎周围分蘖的幼株，可在植株休眠结束后进行翻盆分株，可采用扦插进行育苗。

二、芦荟栽培与养护

别名 卢会、象胆

图3-2 芦荟

1. 形态特征

芦荟（图3-2）为多年生肉质草本植物。芦荟植株高度可达60cm，灰绿色，呈莲花状；叶片长45cm，呈披针形，肉质表面有沟壑。叶片边缘长有粉色软刺；多夏季开花，黄色，呈管状。

2. 生长习性

芦荟适宜生长温度为15～28℃，冬季生长温度应不低于5℃；喜光照，夏季远离强光暴晒，需适当遮阴。芦荟耐干旱，不耐水湿。

3. 栽培养护

芦荟生长期间每隔半月施肥1次。栽种时少浇水，植物生长时多浇水，冬季控制浇水，注意保持土壤温暖干燥。种植时应选择通风良好、温度适宜、地势较高的环境。种植的土壤以砂质土壤为主，便于排水。如果土壤过黏会导致植株根部矮小，分叶少。

4. 繁殖方法

芦荟主要用扦插和分株的方法进行繁殖。

（1）扦插繁殖

通常情况下，扦插主要在春季利用芦荟母株过密的侧芽当作插穗。切取后把侧芽晾晒1～2天，等到切口干燥后再插入土或砂中。具体操作是首先用竹竿在基质上插孔，然后将芦荟插穗插入并压实。气温保持在20～25℃的时候，一般经过1个月左右就能生根，成活率很高。经过扦插后的幼苗不要立即浇水，经过2～3天后，再向叶面喷洒少量水。插床看起来过于缺水干旱时，可适量浇水，浇水过多会造成积水，容易导致插穗腐烂。尽可能地避免阳光直射。扦插前几天，叶片有少许发黄属于正常现象，生根后就会自然返青。

（2）分株繁殖

分株繁殖需要满足从芦荟基部长出许多分蘖苗。分株繁殖在任何时期都能进行，以春秋两季生长最好。具体操作是将有根的小子株分出来移栽，尽可能不伤害母株根系。切记一定要放在适当遮阴的地方缓苗。

三、好望角芦荟栽培与养护

别名 开普芦荟、青鳄芦荟

1. 形态特征

好望角芦荟（图3-3）为多年生肉质草本植物。好望角芦荟株高可达2～3m，叶长

可达1m，宽15～20cm，肉质，多为
青绿色至蓝绿色，叶表面疏生深褐色
短刺，叶背面和叶缘均具深褐色齿
刺。好望角芦荟为圆锥花序，花鲜橙
红色，花期多在春季，本种花序似烛
台，花色非常艳美。

图3-3　好望角芦荟

2. 生长习性

好望角芦荟多在温暖的环境下生
长，怕寒冷，因此，应该选择在一年
四季都没有霜降的地区种植，如有霜
期，冬季栽培温度一定要在5℃以上。
好望角芦荟喜光照、耐干旱，要求种
植在潮湿、肥沃，疏松透气的土壤里生长，不喜涝，忌黏土。

3. 栽培养护

好望角芦荟所用的土壤可以加一些砂砾以利于排水，应适当浇水，保持湿度在
45%～85%，早上给予光照。

4. 繁殖方法

好望角芦荟适合采用播种的方法进行繁殖，也可用老株切顶后萌生的仔株进行繁殖。

四、雪花芦荟栽培与养护

别名 无

图3-4　雪花芦荟

1. 形态特征

雪花芦荟（图3-4）为多年生肉
质植物。雪花芦荟株高10～12cm；叶
片肉质，长三角形，长约6～8cm，宽
2～3cm，翠绿色，叶面几乎布满白色
斑纹；总状花序，花粉红色，花期为
冬春季，有时夏秋季也开花。本种叶
面色彩和斑纹既美丽又奇特，是观赏
价值较高且较易种植的品种。

2. 生长习性

雪花芦荟喜温暖和光照柔和充足
的环境，比较容易生长，耐干旱，耐
半阴，不耐寒，怕积水。

3. 栽培养护

雪花芦荟春秋季保持盆土稍湿润

而不积水，生长期每月施肥1～2次；夏季保持良好的通风和凉爽，适度遮阴，控制浇水。雪花芦荟盆土宜肥沃、疏松、排水良好和微酸性。越冬温度在15℃以上，可适度浇水，若温度低时控制水分，保持盆土干燥。

4. 繁殖方法

雪花芦荟繁殖可用母株萌生的仔株进行分株培植。

五、不夜城芦荟栽培与养护

别名 高尚芦荟、大翠盘

1. 形态特征

不夜城芦荟（图3-5）为多年生肉质草本植物。不夜城芦荟株高35～50cm，丛生或单生，茎短而粗壮；叶片为披针形，幼苗时呈互生排列，成苗后变为轮状排列；肉质肥厚，叶色为绿色；叶片边缘有稀疏的尖齿状短刺，白色，叶片表面有稀疏的白色肉质颗粒；总状花序生于顶部，筒形，小花，花色为橙红色；花期为冬末至早春。

2. 生长习性

不夜城芦荟多在温暖、干燥以及非强光照的环境下生长，耐半阴与干旱，怕盆土积水，不喜在荫蔽的地方生长；最适宜的生长温度为20℃左右，低于0℃就会受冻，10℃左右生长极为缓慢；土壤最好选择砂质土，如果是黏性黄泥，最好加入一半砂粒，促进疏松透气，促进排水。

3. 栽培养护

不夜城芦荟每隔1年就要换1次盆。盆土最好选择用疏松、肥沃、排水以及透气性良好的砂质土，可用2份腐叶土或2份草炭土、2份砂土或2份蛭石，1份园土，另加少量腐熟的骨粉或草木灰混合后当作基肥。每隔15～20天就施加1次腐熟的稀薄液肥或复合肥。不夜城芦荟要求长时间生长在光照下，浇水需要遵循"不干不浇，浇则浇透"的原则。

4. 繁殖方法

不夜城芦荟可选择用分株和扦插的方法进行繁殖。

（1）分株繁殖

分株繁殖可结合换盆进行，具体操作是将植株基部萌生的幼苗取下，另外移栽到培养土中即可。

图3-5 不夜城芦荟

（2）扦插移植

在生长期间将不夜城芦荟植株的上部截去，晾10天左右，等到伤口干燥后，扦插在砂土或蛭石中；留在原土中的植株下部几天后就会萌发很多新芽，等这些芽稍长大后也可以取下扦插。

六、皂芦荟栽培与养护

别名 | 皂质芦荟

1. 形态特征

皂芦荟（图3-6）为多年生肉质植物。皂芦荟株高60cm左右，须根系，无茎；叶簇生于基部，排列成螺旋状；叶片浅绿色，中间有白色斑纹，扁平且薄，呈半直立或平行状；叶汁滑腻；花为红色或黄色，花期多在夏季。

2. 生长习性

皂芦荟喜温暖、耐高温、不耐寒、喜光照、耐干旱、不耐阴、忌积水，最低生长温度为10℃，成株期对水分需求量增加。

3. 栽培养护

图3-6 皂芦荟

皂芦荟怕湿不怕干，苗期保持土壤湿润即可，成株期适当浇水，但注意土壤水分不可过多。每半月施1次稀薄液肥，给予充足光照。

4. 繁殖方法

皂芦荟一般采用幼苗分株移栽或扦插的方法进行繁殖。

七、折扇芦荟栽培与养护

别名 | 乙姬之舞扇、扇叶芦荟

1. 形态特征

折扇芦荟（图3-7）为多年生肉质灌木植物。折扇芦荟株高可达4～5m，分枝多；叶片生于茎顶，呈折扇状排列，有12～18枚，肉质肥厚，长舌状，长25～30cm，宽5～8cm，先端椭圆，叶缘平滑，叶色为蓝绿色；花序高达4～5m，花深红色；花期为9～10月。

2. 生长习性

折扇芦荟多生长在陡峭的岩石斜坡上，室内种植多在温暖干燥、光照充足的环境下生长，耐半阴，不耐寒，最适宜的生长温度为20～30℃。

3. 栽培养护

折扇芦荟需要选择一个阳光充足、凉爽且通风良好的地方，在排水良好的砂质土壤中种植，中午避免阳光直射，冬季和春季给予充足的水分。

4. 繁殖方法

折扇芦荟可采用扦插的方法进行繁殖，也可采用播种的方法进行繁殖。

图3-7 折扇芦荟

八、库拉索芦荟栽培与养护

别名 | 巴巴芦荟

1. 形态特征

库拉索芦荟（图3-8）为多年生肉质草本植物。库拉索芦荟株高约60cm，茎短；叶簇生，自茎的顶端生出，直立生长，呈披针形，长15～35cm，宽2～6cm，肉质肥厚；叶片基部宽大，前端渐尖，叶色为灰绿色；叶面稍内凹，叶缘有稀疏的刺状小齿，粉红色；松散的总状花序，花管状，花色为黄色；花期多在春季。

图3-8 库拉索芦荟

2. 生长习性

库拉索芦荟喜光，喜温暖和阳光充足的环境，喜旱怕涝，7～8月份高温会短暂休眠。

3. 栽培养护

库拉索芦荟浇水需要掌握"宁干勿湿"的原则，春秋季芦荟生长旺盛，可适当多浇水；冬季基本不浇水；7～8月份芦荟处于高温短暂休眠期，也不宜浇水，应给予充足的光照，冬季每月浇1次有机肥水，春季每半月施1次肥，夏季每月喷施1～2次叶面肥，秋季每月喷施1次叶面肥，每次采摘叶片后都要适当喷施叶面肥。

4. 繁殖方法

库拉索芦荟适合选择用分株、茎插以及叶插的方法进行繁殖。

（1）分株繁殖

2年生的芦荟在1年内就可长出10～15个分蘖，当分蘖长到4～5片小叶以及3～5条小根的时候，就能从母株上进行分离。

（2）茎插繁殖

长高后的芦荟可以从茎的顶部10～12cm处用刀切断，或从叶腋处切取大约长为10～15cm的幼芽，再将其倒挂在阴凉处1个星期，让切口收缩干燥，之后再插入搭盖阴棚的苗床中，促使其生根成活。幼芽扦插后大概20天后就能生根，一定要保持土壤湿润，为了培育出强壮的幼苗，应适当追肥。扦插苗生根3～5条的时候，就能移栽。

（3）叶插繁殖

从芦荟叶片基部用刀切开一个几毫米的小口，用手沿着中心旋转撕下，等到晾干微小的创口后，再将其插入到已经高温消毒后的泥砂之中。当气温在15℃以上、生长环境处于半阴时，1个月后就能生根，最晚5个月发芽。叶插繁殖的速度极慢，因此很少采用。

九、芦荟女王栽培与养护

别名 多叶芦荟、螺旋芦荟

1. 形态特征

芦荟女王（图3-9）为多年生肉质草本植物。芦荟女王植株多单生，叶片短而阔，绿色至黄绿色，呈三角形；老叶片顶端成钝角，呈螺旋状排列，通常有5层螺旋，整体呈圆盆状；叶缘有稀疏肉刺，成熟时叶尖端呈褐色；花红色，苞片白色；花期多在春季、夏季。

2. 生长习性

芦荟女王喜光，喜排水性良好的土壤，对温度的适应性比较强，生长适温为15～20℃。

3. 栽培养护

芦荟女王盆栽土壤中应掺杂些灰渣，以改善土壤的透气性，给予充足的光照，施以发酵的有机肥，每半月1次；浇灌充足的水分，但忌积水。

4. 繁殖方法

芦荟女王适合选用播种和营养的方法进行繁殖。

（1）播种繁殖

图3-9　芦荟女王

芦荟女王开花后进行自花授粉，将得到的种子与化肥一同埋入土中即可。

（2）营养繁殖

营养繁殖属于人工营养繁殖的一种，就是将选定的芦荟女王生长活性较强的部分根茎，放入配制好的营养液或营养土中即可。

十、千代田锦栽培与养护

别名 翠花掌

1. 形态特征

千代田锦（图3-10）为多年生肉质草本植物。千代田锦株高25cm左右，茎极短；叶片自根部长出，肥厚多肉，旋叠状，呈三角剑形；叶正面深凹，呈"V"字形，长15cm，宽4cm，叶缘密生短而细的白色肉质刺；叶色深绿，有不规则排列的银白色斑纹；总状花序松散，有筒状花20～30朵，橙黄至橙红色；花期多在冬季、春季。

2. 生长习性

千代田锦多在温暖、干燥的半阴环境下生长。千代田锦不耐寒，怕高温多湿，忌在强烈的太阳光下生长，适合在光线明亮又没有直射阳光的地方生长。

3. 栽培养护

千代田锦在春秋两季以及夏初是植株生长的旺盛时期，保持盆土湿润、不积水，每隔10天左右就施加一次腐熟的稀薄液肥或复合肥；冬季放在阳光充足的室内，温度保持在10℃以上可以继续浇水，并适量施薄肥，以促使植株生长；倘若控制浇水，让植株处于自然休眠状态时，也能忍受3～5℃的低温环境。千代田锦每年春季换盆1次，盆土要求疏松、肥沃，具良好的排水、透气性，并含有适量的石灰质。

4. 繁殖方法

千代田锦适合采用分株和播种的方法进行繁殖。

（1）分株繁殖

千代田锦可在春季换盆的时候进行分株繁殖，也可在生长期间将老株周边萌发的幼苗挖出，晾1～2天后再移栽到砂土中，是否有根都能成活。对于生长多年的千代田锦植株还可将其上部用刀切下，晾1个星期左右再进行扦插，剩下的部分仍保留在原土中，残留的桩上就会长出许多幼苗，等到其长得稍大些，也可取下扦插。

（2）播种繁殖

如果能采收到千代田锦的种子，也

图3-10　千代田锦

可采用播种繁殖，可以在4～5月期间在室内盆播，种子发芽适宜的温度为22～24℃，播种后2个星期左右种子会发芽。幼苗柔嫩，一定要小心养护，浇水要适量，如果浇水过多，会导致植株根部腐烂而死。

十一、琉璃姬孔雀栽培与养护

别名 羽生锦、毛兰

1. 形态特征

琉璃姬孔雀（图3-11）为多年生肉质植物。琉璃姬孔雀植株，高约6cm，宽约10cm，呈稀疏的莲座状排列，肉质，无茎；叶丛生，细剑形，长3～5cm，褐绿色，偶有红色，叶缘有稀疏的白色锯齿，叶尖有刺；总状花序，长30cm，花筒状，长1cm，橙色；花期多在夏季。

2. 生长习性

琉璃姬孔雀耐干旱，喜光，较喜肥。

3. 栽培养护

琉璃姬孔雀刚栽培时少浇水，生长期可多浇水，夏季控制浇水，冬季减少浇水并保持干燥，生长期每半月施肥1次。

图3-11 琉璃姬孔雀

4. 繁殖方法

琉璃姬孔雀适合采用扦插和分株的方法繁殖。

十二、翡翠殿栽培与养护

别名 无

1. 形态特征

翡翠殿（图3-12）为多年生肉质植物。翡翠殿植株多为中小型，高35～40cm，宽15～20cm；叶片为三角形，互生，呈螺旋状排列；叶色初为淡绿色，渐变至黄绿色，叶缘有细小白色的锯齿，叶两面有稀疏的不规则白色星点；总状花序，高25cm，花小，橙黄色至橙红色；花期多在夏季。

2. 生长习性

翡翠殿生性强健，适合在半阴的环境下生长；比较耐干旱、对土壤的要求不高；生

长适宜的温度为18～28℃，冬季生长温度最好保持在
5℃以上。

3. 栽培养护

翡翠殿最好选用园土混些草木灰当作培养土。春季
至秋季可充分浇水并保持半阴环境，经过强光照的翡翠
殿的叶尖会泛红。春季换盆的时候应该剪掉过长的须
根，夏季高温时期要注意遮阴。

4. 繁殖方法

翡翠殿适合采用分株的方法进行繁殖。翡翠殿的
分蘖能力强，取下侧芽即可扦插繁殖。

图3-12 翡翠殿

十三、玉扇锦栽培与养护

别名 无

1. 形态特征

玉扇锦（图3-13）为多年生肉质植物，是玉扇的斑锦变异品种。玉扇锦植株矮小，
株高2～4cm，株幅8～10cm，无茎，根部粗壮；叶片对生，直立生长，向两侧伸长，
肉质肥厚，叶面稍向内弯，顶部呈截面状，略凹陷，整体呈扇形；叶表粗糙，绿色至暗
绿色褐色，有黄色或白色的纵向斑纹，呈丝状或块状；顶端截面为透明的白色，有小疣状
凸起；花白色，花期多在夏季。

2. 生长习性

玉扇锦多在凉爽、光照充足而柔和的环境中生长，较耐干旱与半阴，不喜阴湿，不
耐严寒。

3. 栽培养护

春秋两季为玉扇锦生长期，可给予光照，光照不足会导致株型松散，叶片徒长；生
长期保持盆土湿润，忌积水。盆土宜用疏松和排水良好的砂壤土。

图3-13 玉扇锦

4. 繁殖方法

玉扇锦主要采取分株和播种的方
法进行繁殖。

（1）分株繁殖

玉扇锦分株繁殖最好结合秋季换盆
同时进行。具体操作是将玉扇锦的大鳞
茎四周萌发的小鳞茎用手掰下，栽种到
新的培养土中，新栽种的小鳞茎是否有
根都可成活。

（2）播种繁殖

玉扇锦在春天进行播种最为合适。播种前，需要对将要用到的用具与基质提前进行杀菌处理。提前准备好播种要用到的育苗盆，盆上覆盖1层塑料膜并在上面戳数个小洞，用来保证透气性。播种期间要注意空气凉爽、光照适宜、通风以及盆土保持湿润。

十四、卧牛锦栽培与养护

1. 形态特征

卧牛锦（图3-14）为多年生肉质草本植物，是卧牛的斑锦变异品种。卧牛锦叶片为舌状，长3～8cm，宽3～5cm，先端渐尖，肉质肥厚坚硬，质地粗糙，呈两列叠生，深绿色，较卧牛更有光泽，密布小疣突，有纵向的黄色斑纹，叶背有明显的龙骨凸起；总状花序，花筒状，下垂，上绿下橙；花期在春末至夏季。

图3-14 卧牛锦

2. 生长习性

卧牛锦多在温暖干燥的环境下生长，不喜强光照，但需要充足的弱光照；比较耐旱，喜半阴；不耐寒，怕水涝。如果长时间进行烈日暴晒或在过于荫蔽的地方都会抑制植株的正常生长。

3. 栽培养护

春秋两季是卧牛锦植株的生长旺盛期，最好将其放置在充足的光照下生长。到了炎热的夏天，卧牛锦会停止生长，需要将其移到通风良好的荫蔽处。卧牛锦如果长期处于强光照下，叶色会泛红甚至被灼伤，在此期间应少浇水。冬季到来之际，需要将其放置在阳光充足的阳台上，盆土应该处于半湿润状态，温度也要保持在5～10℃。每2～3年需要换1次盆。

4. 繁殖方法

卧牛锦适合用分株和播种的方法进行繁殖。

（1）分株繁殖

卧牛锦最好在春季换盆时进行分株繁殖。具体操作是将卧牛锦母株旁萌发的幼株取下，另外栽种即可，如果发现幼株的叶片没有带黄色斑纹，在栽种后就要注意培养，可能会在新叶上长出黄色斑锦，也不排除长成的叶片是呈绿色的普通卧牛。

（2）播种繁殖

卧牛锦播种繁殖需要在4～5月期间进行，发芽的适宜温度为18～21℃，播种繁殖后2个星期内出苗，幼苗中可能会出现卧牛，也可能生出卧牛锦，应仔细观察，一旦发现有卧牛锦幼株，就要取出另外栽种，加以细心呵护。

十五、子宝栽培与养护

别名 | 元宝花

1. 形态特征

子宝（图3-15）为多年生肉质草本植物。子宝植株多为小型，低矮；叶片为舌状，长2～5cm，宽1～3cm，肉质肥厚，表面光滑，嫩绿色，密布黄白色斑点，暴晒后变成红色；花葶从叶根部长出，花较小，红绿色；花期多在冬季至次年春季。

2. 生长习性

子宝喜半阴、通风良好的环境，较耐寒，喜疏松肥沃、排水良好的砂质土壤。

3. 栽培养护

子宝适宜放在有明亮散射光的通风环境，浇水时注意"不干不浇，浇则浇透"，冬季更要控制水分，多浇水则容易烂根。

4. 繁殖方法

子宝的生长非常缓慢，子宝基部往往会萌发许多小芽，因此多用分株的方法进行繁殖，也可用播种方法进行繁殖。

图3-15 子宝

十六、玉露栽培与养护

别名 | 无

1. 形态特征

玉露（图3-16）为多年生肉质草本植物。玉露植株幼时单生，渐变成群生；叶片肉质肥厚饱满，呈紧密排列的莲座状；叶色为嫩绿色，顶端呈透明或半透明状，表面有深绿色的线状竖纹，在光照充足的情况下竖纹变为褐色，叶尖有细小的白色绒毛；松散的总状花序，花小，白色；花期多在夏季。

2. 生长习性

玉露多在凉爽的半荫蔽环境下生长，春秋两季是其生长旺盛期。玉露比较耐干旱，不耐寒，不喜高温潮湿、烈日暴晒以及荫蔽的环境，也怕水涝。

3. 栽培养护

玉露在生长期时的浇水原则应遵循"不干不浇，浇则浇透"。为了防止烂根，不可积水，不要被雨水淋到，也不能长时间生长在干旱的环境下。尽管玉露植株不会因缺水而死亡，但是，严重缺水的叶片会干瘪、缺乏生机，同样失去了观赏价值。玉露多在有适量空气湿度的环境下生长，当空气干燥的时候，最好用喷壶向玉露的叶片上或周围喷水，用来增加空气湿度。

图3-16 玉露

4. 繁殖方法

玉露的繁殖方法很多，主要用分株、扦插以及叶插的方法进行繁殖。

（1）分株繁殖

玉露在进行分株繁殖的时候最好结合换盆进行，也可在生长旺盛的季节挖取母株旁边的幼株，无论是否有根都能成活。有根的幼株可以直接栽种到培养土中，无根的幼株需要晾1～2天，等到伤口干燥后再进行种植。新栽的植株要少浇水，以免引起水涝，等长出新根后就能进行正常的水肥管理。

（2）扦插繁殖

在玉露植株下部的叶腋处会萌发幼芽，对于不容易萌生幼芽的种类，可破坏植株中心的生长点，用来促使其萌发幼芽。等到小芽长到2～3cm后，再将其取下，晾2～3天，待伤口干燥后，再移栽到培养土中进行扦插，新载的植株土壤要保持半干状态，经过扦插繁殖的玉露幼苗需要经过2～3周后才会长出新根。

叶插繁殖最好挑选健壮充实的玉露肉质叶，在生长旺盛期将肉质叶扦插在蛭石或粗砂等排水良好的基质中，插后的盆土要保持半湿润，肉质叶基部很容易就生根并长出小芽，等小芽长大些再另行栽种即可。

十七、水晶掌栽培与养护

别名 | 三角琉璃莲、宝草

1. 形态特征

水晶掌（图3-17）为多年生肉质草本植物。水晶掌株高约5cm，茎短；叶片为长圆形或匙形，肉质肥厚，茎上互生，呈紧密排列的莲座状；叶色为嫩绿色，叶肉半透明，叶面分布青色的斑块，叶缘有白色绒毛般的细小锯齿；总状花序生于顶部，花葶细长，从群叶中央的叶腋处生出，高于群叶，花极小；花期为6～8月。

2. 生长习性

水晶掌是易群生的品种，多在温暖湿润和半荫蔽的环境下生长，比较耐旱，怕潮热

和严寒天气，最适宜的生长温度为20～25℃，培养土最好是肥沃与排水良好的砂质土壤。水晶掌的根系发达，春秋两季需要多浇水，夏冬两季少浇水。

3. 栽培养护

盆栽水晶掌应该选择用1份肥沃的壤土和1份粗砂，再加入少量骨粉制成培养土。由于水晶掌的根系比较浅，最好选择较小的浅盆种植。春秋两季多浇水，最好每隔1月就施加一次稀薄的复合肥水。夏冬两季少浇水，尤其到了冬天还要注意给予水晶掌充足的光照。

图3-17　水晶掌

4. 繁殖方法

水晶掌适合采用分株的方法进行繁殖。每年3月，水晶掌就会萌发侧芽，如果因生长环境良好而萌发出很多侧芽，就需要换个大一点的花盆。水晶掌萌发的侧芽从4～9株不等，繁殖时只需要将侧芽掰下来插入培养土中即可。

十八、条纹十二卷栽培与养护

别名　条纹蛇尾兰、锦鸡尾

1. 形态特征

条纹十二卷（图3-18）为多年生肉质草本植物。条纹十二卷植株多为小型，无茎，群生；株高15cm左右；株幅10～15cm；基部抽芽，叶片轮生，先端渐尖为三角状披针形，呈莲座状紧密排列；叶面深绿色，形状扁平，有不规则分布的白色斑点；叶背有横向的白色条纹，由白色瘤状凸起组成；总状花序，花葶长约1.5cm，花小，绿白色；花期多在夏季。

2. 生长习性

条纹十二卷喜在充足的光照下生长，在半阴环境下也能正常生长，一定不要让条纹十二卷长时间放置在荫蔽处，否则会抑制正常生长，也会让条纹变得黯淡。

3. 栽培养护

条纹十二卷最好在半阴环境下养护，不要对其进行强光照，否则叶片很容易会被强光灼伤。到了冬天，就需要将条纹十二卷移到光照充足的环境下生长，否则叶片会因光照不足导致退化，甚至缩小，对其生长产生不利影响。

4. 繁殖方法

条纹十二卷适合采用分株和扦插的方法进行繁殖。

图3-18 条纹十二卷

（1）分株繁殖

分株繁殖可结合换盆进行。条纹十二卷全年都能进行分株繁殖。一般来说，条纹十二卷常在4～5月换盆的时候，将母株四周的幼株剥下，直接移栽到新盆里。分株上盆后就将其搁置在避免强光直射的荫蔽处，少浇水，等到新根长出后，再慢慢增加光照和浇水量。选用2份腐叶土和1份河砂混合而成的培养土，还要加入适量骨粉或过磷酸钙作基肥。

（2）扦插繁殖

条纹十二卷开花后在花序节间会产生不定芽，可直接剪取作为插穗，或直接利用顶芽作为插穗。从植株上半部5～8cm处将顶芽剥离，可促进下半部的植株叶腋处产生新的侧芽，当侧芽长到近母本1/2大小时，可摘取其侧芽作为插穗。摘下来的顶芽与侧芽必须待伤口干燥后才能扦插。多肉植物生长缓慢，因此繁殖速度也慢，利用去除顶芽作顶芽插的方法，可以产生较大量的小苗。伤口干燥后的插穗，可以直接定植于圆盆中，不需特别保湿处理，初期应置于光线明亮处，并等盆土干燥后再浇水。使用介质应排水良好，可在介质中加入1份蛇木屑、赤玉土或唐山石。生根时间为2～3周，待根部再生后移到光线充足处培养。

十九、琉璃殿栽培与养护

别名　旋叶鹰爪草

1. 形态特征

琉璃殿（图3-19）为多年生肉质草本植物。琉璃殿植株为单生或群生，无茎，叶基部簇生，约20枚，螺旋状排列，呈莲座状；叶先端渐尖，正面内凹，背面有明显的龙骨凸起；叶色为深绿色，有整齐的横向条纹，由许多浅绿色的小疣组成；总状花序，花白色；花期多在夏季。

2. 生长习性

琉璃殿喜温暖干燥和阳光充足的环境、耐干旱、耐半阴、不耐水湿和强光暴晒，在18～24℃的温度下生长良好，喜疏松肥沃的土壤。

3. 栽培养护

琉璃殿栽培以充足明亮的散射光为佳，注意不要在强光下暴晒，否则叶色会发红，培养土要求保水性好而不能过于黏重，给水不能忽多忽少。

4. 繁殖方法

琉璃殿常用分株和叶插的方法繁殖。

（1）分株繁殖

图3-19 琉璃殿

琉璃殿全年都可进行分株繁殖。通常是在4～5月换盆时，将母株侧边分生出来的小株剥离，然后直接盆栽。

（2）叶插繁殖

琉璃殿可在5～6月进行叶插繁殖。用小刀将叶片轻轻切下，基部带上木质化部分，插在砂盆中，20～25天即可生根。

二十、琉璃殿锦栽培与养护

别名 无

1. 形态特征

琉璃殿锦（图3-20）为多年生肉质草本植物。琉璃殿锦株高6～7cm，叶片肉质，排列成莲座状，三角形披针形，叶有部分叠生，全部向一侧偏转，如旋转的风车，叶表面略凹，叶背面稍圆突，密布小疣突组成的凸起的横纹，叶片亮黄色或亮黄色具深绿色纵条纹。本种色彩亮丽，株形美观，为珍贵的观叶类多肉斑锦品种。

2. 生长习性

琉璃殿锦既不耐寒，也怕酷热，喜充足且柔和的阳光，怕涝，生长适温为白天20～25℃，夜间10℃左右。

3. 栽培养护

在栽培琉璃殿锦时，应选择透气性良好的泥瓦盆，盆土以疏松透气、排水良好、含有适量石灰质材料并有较粗颗粒度的基质为宜。每年的6～8月高温季节适当遮阴，9月至次年的6月给予充足的光照。生长期浇水要做到"不干不浇，浇则浇透"。夏季应控制浇水，掌握土壤"潮而不湿，干而不燥"的原则。冬季生长温度在5℃以下要停止浇水。每年翻盆1次。

4. 繁殖方法

琉璃殿锦主要是靠成株底部生出的芽株进行分株培养。此外，也可采用播种、走茎分株、摘心扦插、叶插的方法进行繁殖。

（1）播种繁殖

播种繁殖适用于培育大规模的琉璃殿锦，等到琉璃殿锦开花时，除了自然授粉，也可进行人工授粉。授粉时最好选择在原种琉璃殿和琉璃殿锦之间相互授粉，这样种子出苗后会发生很大变异，也可能长出不带锦的绿色"返祖苗"。等到种子成熟后，可随采随播。播种介质最好选择用蛭石，播种后，最好用覆盖玻璃片的方法进行保湿，大概20天左右就能出苗。

（2）走茎分株繁殖

琉璃殿锦植株在适宜的环境下，会从走茎萌发出小苗。需要注意的是，当出现小苗的时候不要急于取下走茎苗，因为在水肥充足的条件下，走茎形成走茎苗之后还能继续生出更多的走茎苗。这种走茎分株的繁殖方式适合在花田里栽种，优点是成形快，出锦均匀。

（3）摘心扦插繁殖

由于琉璃殿锦很难萌发出小苗，可在琉璃殿锦生长旺盛时期将其中心的生长点摘掉，伤口处最好涂上多菌灵，等到晾干伤口，就能独立栽培。原植株仍留在原来的培养土中，一段时间后每个叶腋处都会生出叶芽，当这些叶芽长到3～4片叶时即可取下扦插。扦插前最好晾5～7天，待伤口干燥后再进行。

（4）叶插繁殖

叶插一般在春秋两季进行，倘若温室保温设施完善，能够提供持续温暖的环境，也可在冬天进行。具体操作是选取健壮充实、没有病虫害的肉质叶，小心将其掰下，必须带有完整的基部，否则很难生根发芽。晾5～7天，等到伤口干燥，然后将其平放或斜插在由3份蛭石或粗砂，2份腐叶土或草炭土混合成的培养土中，使基部与培养土接触紧密。不可埋得过深，否则叶片尽管能生根却不容易发芽，也就更难成苗。

图3-20 琉璃殿锦

二十一、雄姿城栽培与养护

别名 | 无

1. 形态特征

雄姿城（图3-21）为多年生肉质草本植物，是琉璃殿的变种。雄姿城植株矮小，但比琉璃殿稍大；叶卵圆状，叶片呈螺旋状排列，形成莲座状叶盘；叶先端渐尖，叶面深绿色，有许多绿色小疣突起组成的横向条纹，呈瓦棱状，叶背也有瓦楞状条纹；总状花序，花白色；花期多在夏季。

2. 生长习性

雄姿城喜光，忌强光直射，生长适温为18～24℃。

3. 栽培养护

雄姿城在生长旺盛期时，需要保持盆土稍湿润。每月施肥1次。

4. 繁殖方法

雄姿城适合采用播种、叶插、根插及分株的方法进行繁殖。

图3-21 雄姿城

二十二、万象栽培与养护

别名 象脚革、毛汉十二卷

1. 形态特征

万象（图3-22）为多年生肉质植物。万象植株多为小型，无茎；叶片自基部生出，长2～5cm，肉质肥厚，呈半个圆筒状，排成松散的莲座状；叶片顶端有半透明的"小窗"，为平整的截形，叶面粗糙，叶色为深绿色，有闪电状的红褐色花纹；总状花序，花葶长约20cm，小花，8～10朵，花色为白色，有绿色的中脉；花期在春夏季。

2. 生长习性

万象喜凉爽、光照柔和而充足的环境，喜散射光，应避免强光直射，需要一定的空气湿度，耐干旱，耐半阴，不耐寒，怕积水。

图3-22 万象

3. 栽培养护

万象在春秋季生长期应该保持盆土湿润，但绝不能积水，生长期每月施肥1次。夏季高温，植株生长缓慢或停滞，需适度遮阴，保持通风和凉爽，控制浇水。盆土宜用疏松和排水良好的砂壤土。越冬温度不低于10℃。盆土完全干后，可在盆边给点水。

4. 繁殖方法

万象适合采用播种、分株的方法进行繁殖，也可采用叶插和根插的方法进行繁殖。

Chapter 4

第四章　大戟科多肉花卉栽培与养护

一、铜绿麒麟栽培与养护

 铜绿大戟、铜绿麒麟

图4-1　铜绿麒麟

1. 形态特征

铜绿麒麟（图4-1）为多年生灌木状肉质植物。铜绿麒麟植株为中型，整体似狼牙棒；茎干自基部生出，圆柱状，分成4～5条棱，密集生长；茎枝的表皮为铜绿色，棱缘上有长条形的红褐色斑块，斑块上生有4枚红褐色的硬刺；聚伞花序，黄色；花期多在春季。

2. 生长习性

铜绿麒麟多在温暖、干燥以及阳光充足的环境下生长；比较耐热，不耐寒，耐旱和半阴，不喜潮湿环境；生长最适温度为18～30℃，低于5℃易受寒害。

3. 栽培养护

铜绿麒麟在生长期时可充分浇水，但要防止积水，生长期每月施肥1次。冬季养护温度不低于10℃，冬季每月浇水1次。

4. 繁殖方法

铜绿麒麟适合采用播种或扦插的方法进行繁殖。

第四章　大戟科多肉花卉栽培与养护

二、白桦麒麟栽培与养护

别名 玉鳞凤锦

1. 形态特征

白桦麒麟（图4-2）为多年生肉质草本植物，是玉麟凤的斑锦品种。白桦麒麟植株多为中小型，株高和株幅均为20cm左右；主干短，基部多分枝，肉质，呈群生状，有6～8条棱，棱上有六角状瘤突，白色；叶片早落；聚伞花序，花杯状，红褐色，花谢后花梗残留在茎上，似短刺，淡黄色；花期多在秋冬季。

图4-2 白桦麒麟

2. 生长习性

白桦麒麟喜阳光充足的环境，喜排水良好的土壤，耐半阴。

3. 栽培养护

白桦麒麟在生长期时可以适当多浇水，而冬天应该注意控水。

4. 繁殖方法

白桦麒麟一般在春末到夏天进行扦插繁殖，枝条伤口晾干后种植在土壤里，最好是干的、松散的排水土。

三、贝信麒麟栽培与养护

别名 幸福麒麟

图4-3 贝信麒麟

1. 形态特征

贝信麒麟（图4-3）为多年生肉质植物。贝信麒麟植株为中型，茎高可达2m，呈圆柱状，肉质，分枝粗3cm左右，表皮灰白色，上面有明显的乳状疣突，叶片簇生于疣突顶端，肉质，长倒卵形，深绿色；聚伞花序，杯状，黄色；花期多在冬季。

2. 生长习性

贝信麒麟最好处于全日照环境下，耐干旱，生长适宜温度为15～30℃，生长期为春秋季。

3. 栽培养护

贝信麒麟在夏季需适当遮阴，注意通风；生长期可适当增加浇水，冬季停止浇水；低于

7℃易受寒害，冬季需要保温。贝信麒麟在生长期最好每月施肥1次。

4. 繁殖方法

贝信麒麟适合采用扦插和播种的方法进行繁殖。

四、螺旋麒麟栽培与养护

别名 | 无

1. 形态特征

螺旋麒麟（图4-4）为多年生灌木状肉质植物。植株无叶，茎细长，呈圆柱状，肉质，三棱状，呈顺时针方向或逆时针方向螺旋状生长；茎表面呈绿色，有不规则的淡黄白色晕纹；棱缘呈波浪形，上有尖锐小刺，对生，新刺红褐色，老刺黄褐色至灰白色；茎的顶部或上部生黄色小花。

图4-4　螺旋麒麟

2. 生长习性

螺旋麒麟多在温暖干燥和光照充足的环境下生长，耐旱，稍耐半阴，不耐寒，怕阴湿。

3. 栽培养护

螺旋麒麟在4～10月的生长旺盛期应该在光照充足的环境下生长，只有在盛夏高温的时候需要稍微进行遮光处理。生长期浇水做到"干透浇透"，避免盆土积水。每隔大概20天就要施加1次腐熟的稀薄液肥或低氮高磷钾的复合肥。到了寒冬腊月，最好将其放在室内光线明亮处，倘若室内温度在10℃以上，可适当浇一点水，促使植株继续生长，不必施肥。每隔1～2年换1次盆，最好选择疏松肥沃、排水透气性良好的培养土。可用2份腐叶土、1份园土、3份粗砂或蛭石的混合土进行栽种，再加少量的骨粉等石灰质材料。

4. 繁殖方法

螺旋麒麟适合采用扦插和嫁接的方法进行繁殖。

（1）扦插繁殖

可在螺旋麒麟生长旺盛的季节，用锋利的剪刀剪取健壮充实的肉质茎进行扦插，每段插穗需要在5cm左右。需要注意的是，一定要小心清除伤口处流出的白色浆液并晾几天，待伤口干燥后再插入粗砂或蛭石中。将新栽种的插穗放在通风良好的半阴处，让土壤保持半湿润状态，3～4个星期即可生根。

（2）嫁接繁殖

可采用与螺旋麒麟同属中长势比较强健的霸王鞭火帝锦等用作砧木材料，再利用平接的方法进行嫁接，嫁接后的植株最好放置在通风良好的场所，伤口不可沾水，更禁不住雨淋，7～10天后伤口即可愈合，嫁接半个月后即可进行正常的管理养护。

五、麒麟掌栽培与养护

1. 形态特征

麒麟掌（图4-5）为多年生肉质植物。麒麟掌植株多为中型，株莆优美；茎肉质，呈不规则的扁平扇形、鸡冠状或掌状扇形，表面生有稀疏的小疣突，疣突顶端为白色；叶肉质，生于茎顶端及边缘，簇生；植株幼时呈绿色，植株老时变木质化并呈黄褐色。

图4-5 麒麟掌

2. 生长习性

麒麟掌喜温暖潮湿和阳光充足的环境，怕烈日暴晒，耐半阴，耐寒，喜排水良好的砂壤土，喜干旱。

3. 栽培养护

夏季和秋季是麒麟掌的生长旺季。麒麟掌喜阳光，但在强光下叶子会变黄，因此需适当遮阴。浇水宜少不宜多，避免培养土过湿，也要防雨淋。冬季生长温度保持约15℃时可安全越冬，低于12℃时植株会休眠，此时应控制浇水，保持培养土干燥。1～2年换盆1次，换盆时清除旧土并剔除腐朽根。

4. 繁殖方法

麒麟掌一般选择扦插法进行繁殖。具体操作是在4～10月期间，选择1个天气晴朗的日子，切割1块生长壮实的麒麟掌的变态茎，晾3～4天，等到伤口干缩后，再将其插入干净的泥砂中，插入距离为2～3cm。刚插入的变态茎不可浇水，等2天后再喷水，只要确保盆土保持湿润即可，1个月左右即可生根，最后再移栽上盆。

六、彩云阁栽培与养护

1. 形态特征

彩云阁（图4-6）为灌木状肉质植物。彩云阁植株多为中型，多分枝，主干较短，分枝绕主干轮生，肉质，垂直向上生长，有3～4条棱，长15～40cm，棱缘为波浪形，有短小硬齿，先端有一对刺，红褐色，长0.3～0.4cm；茎干表皮绿色，有不规则的晕纹，黄白色；叶片长卵圆形，绿色，生于分枝上部的棱上；聚伞花序，杯状，黄绿色；

花期多在夏季。

2. 生长习性

彩云阁适合在阳光充足、排水性良好的土壤以及温暖干燥的环境下生长，比较耐干旱，也能稍微耐半阴。

3. 栽培养护

彩云阁所生长的盆土最好用疏松肥沃与排水良好的砂质土壤，上盆的时候最好掺拌一些基肥，在彩云阁生长旺盛期即便不施追肥也能生长良好，最好选择施加粒状复合肥。生长期最好对其进行强光

图4-6　彩云阁

照，多浇水，每月施1次低氮高磷钾的薄肥。冬季要在室内阳光充足处生长，不浇水或少浇水，保持盆土干燥，温度不低于5℃可安全越冬。每年春季需要换1次盆。

4. 繁殖方法

彩云阁可在生长季节剪取健壮充实的茎段进行扦插，插穗须在10cm左右，切口处有白色乳汁状浆液流出，可涂些硫黄粉、草木灰、木炭粉等；也可用水把白浆冲洗掉，并稍晾几天，等切口干燥收缩后，再插于砂土中，保持稍有潮气，很容易生根。

七、红彩云阁栽培与养护

别名　红龙骨

图4-7　红彩云阁

1. 形态特征

红彩云阁（图4-7）为灌木状肉质植物，是彩云阁的变异品种，外形与彩云阁相似。红彩云阁植株多为中型，多分枝，主干较短，分枝绕主干轮生，肉质，垂直向上生长，有3～4条棱，长15～40cm，棱缘为波浪形，有短小硬齿，先端有一对刺，红褐色；茎干表皮暗紫红色，有不规则的晕纹，白色；叶片长卵圆形，紫红色，生于分枝上部的棱上；聚伞花序，杯状，黄绿色；花期多在夏季。

2. 生长习性

红彩云阁喜充足太阳光照，不耐寒，但耐旱，喜干燥壤土。

3. 栽培养护

当红彩云阁在弱光线下或者在生长旺盛期时水肥不足时，暗红的色彩才会显示出绿色，因此，

必须给予红彩云阁充足的光照，并在控制氮肥用量的同时多施加磷钾肥。红彩云阁的栽培很简单，除了在冬天温度必须维持在5℃以上外，并没有其他特殊的要求。春夏秋三季都能进行充分浇水并施肥，也可直接在花园里栽培。

4. 繁殖方法

红彩云阁多用扦插的方法繁殖，扦插时切口处会流出浆液，可用草木灰涂抹，放阴凉处7～10天后再扦插。

八、虎刺梅栽培与养护

别名 麒麟刺、铁海棠

1. 形态特征

虎刺梅（图4-8）为灌木状多年生肉质植物。茎长60～100cm，分枝多，细长，呈圆柱状，有竖棱，棱背上密生硬而尖的锥状刺，褐色，呈旋转状，刺长1cm；叶互生，倒卵形或长圆状匙形，先端圆，基部渐狭，集中于嫩枝上，深绿色；虎刺梅花苞片小，杯状，对称，黄色或红色；花期为全年。

2. 生长习性

虎刺梅多在温暖湿润和有充足光照的环境下生长，稍耐阴，比较耐高温和干旱，不耐寒。培养土应选择土质疏松、排水较好的腐叶土。

3. 栽培养护

虎刺梅怕高温闷热，在夏季酷暑气温33℃以上时进入休眠状态。忌寒冷霜冻，越冬温度需要保持在10℃以上，在冬季气温降到4℃以下也进入休眠状态。夏季放置于半阴处，加强通风，适当喷雾。冬季放置在有充足光照的环境中生长，适当保温。春季和秋季是其生长季节，放置于充足太阳光照的地方养护，浇水施肥时避免把植株弄湿。

图4-8 虎刺梅

4. 繁殖方法

虎刺梅应采用扦插的方法进行繁殖。在早春或晚秋季节，剪下带有3～4个叶节的茎秆，待伤口晾干后插入培养土中，稍加喷湿，很快就能生根发芽。

九、魁伟玉栽培与养护

别名 | 恐针麒麟

1. 形态特征

魁伟玉（图4-9）为多年生肉质植物。植株叶早脱落，易群生；幼时球形，成熟后茎呈圆筒形，肉质，绿色，被有白粉，有10～16道棱，横向有较为明显且平行排列的深色肋纹，棱缘上生有深褐色或红褐色硬刺，易脱落；聚伞花序，紫红色，盆栽条件下不易开花；花期多在秋季。

图4-9 魁伟玉

2. 生长习性

魁伟玉适合在温暖干燥以及阳光充裕的环境下生长，比较耐干旱，稍耐半阴，不耐寒，不喜阴湿，也怕强光照和高温酷热的环境，生长最适宜的温度为18～25℃，生长期要求光照充足。

3. 栽培养护

魁伟玉在春、夏、秋三季都处于生长旺盛期，需要每月浇水4次，每月施薄肥1次，夏季保持通风和凉爽。盆土宜用肥沃、疏松和排水良好的砂壤土。越冬温度在10℃以上，保持盆土干燥。

4. 繁殖方法

魁伟玉适合采用扦插和嫁接的方法进行繁殖。

（1）扦插繁殖

魁伟玉多在生长旺盛季节进行扦插繁殖，特别是在4～5月期间有较高的成活率。如果温度能维持20～25℃，全年都可进行扦插繁殖，插穗采用植株下部萌发的小球，注意清除干净伤口处流出的白色浆液，晾3～5天，待伤口干燥后，再将插穗插在砂土或蛭石中，保持盆土处于半干状态，1个月左右即可生根。

（2）嫁接繁殖

最好选择与魁伟玉同属中长势比较强健的霸王鞭或龙骨柱等作砧木，采用平接的方法进行嫁接，嫁接后的植株应放置在柔和光照的通风处，伤口不能沾水，更不能淋雨，否则会加快腐烂。伤口晾10天左右就能愈合。

十、琉璃晃栽培与养护

别名 琉璃光

1. 形态特征

琉璃晃（图4-10）为多年生肉质植物。琉璃晃植株多为小型，茎肉质，长圆筒形，深绿色，易生出小芽，常群生；茎有12～20道纵向锥状疣突排列形成的棱，叶片着生于疣突的顶端，伞形，有5棱，细小，脱落早；花生于顶端，位置在棱角的软刺之间，聚伞花序，黄绿色，杯状；花期多在夏季。

图4-10　琉璃晃

2. 生长习性

琉璃晃喜温暖和光照充足的环境，耐干旱，不耐寒，怕积水。

3. 栽培养护

琉璃晃在春秋季生长期应适度浇水，施肥1～2次；夏季强光需遮阴，保持通风和凉爽，保持盆土干燥。盆土宜用疏松和排水良好的砂壤土，越冬温度在10℃以上。

4. 繁殖方法

琉璃晃适合采用分株的方法进行繁殖。

十一、光棍树栽培与养护

别名 绿珊瑚、绿玉树

1. 形态特征

光棍树（图4-11）为灌木状多年生肉质植物。光棍树植株为大型，高2～9m；主干呈圆柱状，绿色，多分枝，分枝为铅笔粗细的圆柱状肉质枝条，轮生或对生；叶片呈细小线形，互生，为减少水分蒸发，一般脱落早，故常为无叶状态；聚伞花序，杯状，生于枝顶或节上，总苞呈陀螺状，有短的总花梗，花开5瓣，苞片细小，黄白色；花期多在夏季。

2. 生长习性

光棍树多在25～30℃的环境下生长，比较耐旱，耐盐以及耐风，喜充足的光照，能在较为贫瘠的土壤中正常生长。

3. 栽培养护

光棍树要全年放置在光照充足温暖的环境中，适宜排水好的土壤。平时不宜浇水过多，要见干见湿，干透再浇。高温多湿的7～8月严格控制浇水，每半月施肥1次。每年

春季需换盆，加入肥土。

4. 繁殖方法

光棍树主要用扦插的方法进行繁殖。最好选择在5～6月的温暖气候下进行扦插繁殖。具体操作是用剪刀剪取肥厚充实的光棍树顶端枝条，截取茎段长为8～10cm的2节当作插穗，等到晾干后插到砂床中。砂床主要采取黄砂或珍珠岩作介质，或用有良好排水性的砂壤土。插后大概3个星期即可生根。

光棍树也可采取单叶扦插，切叶后等待自然风干，再将叶片插到砂床中，光棍树叶片在温暖的环境下很容易生根，大概1个月就能生根，等到根长2～3cm的时候可将其种植在10～15cm的花盆里。

图4-11 光棍树

十二、春峰之辉栽培与养护

别名 彩春峰、春峰锦

图4-12 春峰之辉

1. 形态特征

春峰之辉（图4-12）为多年生肉质植物，是春峰的斑锦变异品种。株高和株幅均为10～15cm；茎肉质，横向伸展，扁化成较薄的扇形或鸡冠状，栽培中经常发生色彩的变异，有乳白色、暗紫红色、淡黄色等，还有红色斑纹和镶边；茎表面有龙骨凸起，生长点红褐色；春峰之辉很少开花。

2. 生长习性

春峰之辉多在温暖干燥以及阳光充足的环境下生长，比较耐旱，稍耐半阴，怕阴湿和寒冷环境。

3. 栽培养护

春峰之辉在生长旺盛期可以放置在光线充足以及通风良好的室外环境下养护。在保证盆土湿润的同时，注意不可积水，否则会烂根。当空气过于干燥时，可采用向植株喷雾的方法增加空气湿度。到了炎热夏天要避免强光照，以免强光灼伤植株表皮。此外，由于春峰之辉在闷热潮湿的环境下会导致肉质茎腐烂，因此，还需要注意加强通风。在其生长期，需要每月施1次腐熟的稀薄液肥或复合肥，主要施加磷钾肥，也可施加少量氮肥。

4. 繁殖方法

春峰之辉适合用嫁接的方法进行繁殖。通常在春季、初夏和秋季进行。也可当肉质茎上长出其他颜色的斑块时适时切下，另行嫁接，成活后加以培养，长大后即成为新的品种。

十三、布纹球栽培与养护

别名 奥贝莎、晃玉

1. 形态特征

布纹球（图4-13）为多年生肉质植物。布纹球植株多为小型，呈圆球形，球体略扁圆，直径8～12cm，有十分整齐的8道棱；整体绿色，表皮中有交叉的红褐色条纹，如布纹一般，顶部条纹较密；棱缘上有小钝齿，褐色。布纹球为雌雄异株植物，花生于球体顶部棱缘上，极小，黄绿色。

2. 生长习性

布纹球的生长适温为20～28℃，冬季生长温度不低于12℃；喜全光照，较喜肥，生长旺盛期施肥1～2次，耐干旱，忌积水。

图4-13 布纹球

3. 栽培养护

养护布纹球的时候一定要避免对其进行强光照。春秋两季适度浇水，保持土壤半干即可，夏天要少浇水，保持盆土处于干燥状态，冬天不浇水。在其生长旺盛期需要每月施1次肥。

4. 繁殖方法

布纹球主要采用播种和嫁接的方法进行繁殖，其中播种繁殖的布纹球生长较为缓慢。

十四、将军阁栽培与养护

别名 里氏翡翠塔

1. 形态特征

将军阁（图4-14）为多年生肉质植物。将军阁植株低矮，块根呈球状，常有一半露出土面，表皮灰白色，基部多分枝；茎肉质，最初呈圆球状，成熟后为圆柱状，表皮

深绿色或浅绿色，布满菱形的瘤状凸起，有线状凹纹；叶片肉质，呈卵圆形，绿色，边缘稍有波状起伏，生于瘤突顶端，轮生，常早脱落，脱落后留下白色点痕；伞状花序，总苞黄绿色，花淡粉红色；花期多在夏季。

图4-14 将军阁

2. 生长习性

将军阁适合在温暖干燥、阳光充裕的环境下生长，比较耐干旱和耐半阴，不耐寒，怕阴湿。

3. 栽培养护

将军阁的主要生长期为春秋季节，浇水应遵循"干透浇透"的原则，避免盆土长期积水，否则会引起腐烂，空气干燥时注意向植株喷水，以使其色泽鲜亮，充满生机。到了夏天，将军阁生长会变得较为缓慢，因此，要注意加强通风，并对其进行适当遮阴处理，在此期间少浇水。冬季到来之际，一定要将其搬到阳光充足的阳台上，确保盆土较为干燥，在不低于5℃的环境下可安全越冬。

4. 繁殖方法

将军阁可采用扦插和嫁接的方法进行繁殖。

（1）扦插繁殖

运用扦插方法进行繁殖，具体操作是在其生长季节剪取健壮、充实的肉质茎，晾1～2天后，再将其插入到略显潮气的砂土中，几天后即可生根。

（2）嫁接繁殖

为了加快将军阁的生长速度，可以选用同属的帝锦、霸王鞭等作为砧木，采用平接的方法进行嫁接，这是一种很有效果的繁殖方法。

十五、佛肚树栽培与养护

| 别名 | 珊瑚油桐 |

1. 形态特征

佛肚树（图4-15）为多年生肉质灌木植物。佛肚树株高0.3～1.5m，茎基部膨大成卵圆状棒形，茎表皮灰色，易脱落；叶片呈盾形，簇生于分枝顶端，有长柄，一般叶片上浅裂，叶面平滑又稍有蜡质白粉；聚伞花序，花序腋生，长15cm，鲜红色，有长柄。

2. 生长习性

佛肚树喜光，日照要充足，耐干旱，生长适温为10～30℃。

图4-15 佛肚树

3.栽培养护

佛肚树生长期保持盆土稍干燥，生长期每半月施肥1次，冬季停止施肥，2年换盆1次。浇水的原则是"见干见湿，干要干透，不干不浇，浇则浇透"。

4.繁殖方法

佛肚树主要采用播种和扦插的方法进行繁殖。

（1）播种繁殖

佛肚树的种子被人工采收后，首先应将其贮藏在20～30℃下，到了夏天再进行播种，佛肚树种子在播下后，经过3～6个月的时间才会发芽。

（2）扦插繁殖

佛肚树扦插最好在5～6月进行，具体操作是择取植株顶端长10～15cm的分叉嫩枝，在其节下0.5cm的地方切下，放到通风处2～3小时，等到切后收口后插入清洁的煤渣中，并放置在阴暗处，保持温度在22～25℃之间，经过20～30天就能生根。等到其根须长2～3cm时即可上盆。

Chapter *5*

第五章 景天科多肉花卉栽培与养护

一、玉蝶栽培与养护

别名 | 石莲花

1. 形态特征

玉蝶（图5-1）为多年生肉质草本植物。玉蝶株高可达50cm，直径15～20cm，有短茎；叶片肉质，互生，有40枚左右，倒卵状匙形，簇生于茎顶，呈标准的莲座状排列；叶梢直立，先端圆，有小叶尖，叶片稍稍内凹，淡绿色，表面被有白粉；聚伞花序腋生，小花钟形，赭红色，顶端黄色；花期为6～8月。

2. 生长习性

玉蝶喜阳光，但忌暴晒；夏季有短期休眠，宜注意通风，适度遮阴并控制浇水，耐干旱，耐冷凉；在16～28℃的温度范围内生长良好，越冬温度宜保持5℃以上。

3. 栽培养护

玉蝶在冬季低于10℃时最好移至室内养护。玉蝶夏季休眠，这时候浇水要小心，量少好于量多。叶心的积水要及时清理。休眠时，底部叶片会不断干枯，这是正常现象，需要经常清理枯叶，这样可以加强通风，避免病菌滋生。土壤选用颗粒土比较好，疏松又透气，利于植株生长，同时注意周围的环境应保持通风。最好是在充足散射光环境下接受长日照，这样能较好地保持玉蝶紧凑的株形和叶片的聚拢形态。

4. 繁殖方法

玉蝶多在每年春天剪下植株的分蘖进行茎插，约20～25天就会生根成活，也可采用叶插育苗。此种方法的繁殖系数较高，但成苗相对较慢。

图5-1　玉蝶

二、大和锦栽培与养护

别名 彩色石莲

1. 形态特征

大和锦（图5-2）为多年生肉质草本植物。大和锦植株矮小，呈紧密排列的莲座状；叶片肉质，互生，全缘，三角状卵形，叶长3～4cm，宽约3cm，先端渐尖，有小叶尖；叶色为灰绿色，叶面有红褐色斑点，叶背有龙骨状凸起；总状花序，高约30cm，花上部黄色，下部红色；花期多在初夏。

2. 生长习性

大和锦多在温暖、通风良好的环境下生长，最好选择肥沃且排水良好的砂质土壤作基质。大和锦能忍耐低于5℃的温度。

3. 栽培养护

大和锦在生长期要求有一定空气湿度，但土壤不必过湿。春秋季节每月浇水1次，夏季可半月浇水1次，冬季控制浇水。大和锦生长缓慢，施肥应该薄肥勤施。

4. 繁殖方法

大和锦可选择枝插、分株和叶插的方法进行繁殖，成活率比较高。枝插下刀比较困难，非常考验刀工，首选叶插繁殖。多年生的老桩很容易掰叶子，叶片紧凑的话可以在换盆时摘取底部叶片。

图5-2　大和锦

三、女王花笠栽培与养护

别名 扇贝石莲花、女王花舞笠

1. 形态特征

女王花笠（图5-3）为多年生肉质草本植物。女王花笠叶片宽阔，肉质肥厚，倒卵状，呈莲座状排列；叶片翠绿色至红褐色，新叶色浅，老叶色深；叶缘有褶皱，微微卷起，呈波浪状，形似大波浪的裙摆，常会显现出粉红色，非常华丽；聚伞花序，花卵球形，淡黄红色；花期为初夏至冬季。

2. 生长习性

女王花笠多在温暖干燥、阳光充足的环境下生长，不喜寒冷，怕水涝，怕强光照，比较耐旱和半阴环境，没有明显的休眠期。女王花笠只有接受充足的太阳光照射时，其叶片才能更加艳丽，植株的形状也才能更具有观赏性。如果光照不充足，女王花笠的叶片颜色

就会变得暗淡无光，其株型也会排列
无序。女王花笠适合在18～25℃的温
度下生长，冬季在10℃以上不会影响
其正常生长。

图5-3　女王花笠

3. 栽培养护

　　女王花笠可选用1份泥炭土、1份
粗砂砾以及少量骨粉配制而成的混合
土作基质，在其生长旺盛期需要每个
星期浇1次水。女王花笠很怕水涝，
因此不能多浇水，冬季每个月只需要
浇1～2次水，盆土应处于干燥状态；
空气干燥的时候也不要直接向叶面喷
水，只需要向植株周围喷雾以增加空气湿度，严格避免叶丛因积水而腐烂；在其生长旺
盛期，只需要每个月施肥1次即可。

4. 繁殖方法

　　女王花笠一般采用播种、扦插以及分株的方法进行繁殖。

（1）播种繁殖

　　女王花笠在种子成熟后就能采收播种，发芽的适宜温度为16～19℃，播种后2～3
个星期即可发芽。

（2）扦插繁殖

　　在春末夏初之际剪取植株成熟的叶片进行扦插，或在其生长期间用手掰取成熟且完整的
叶片进行扦插，插入砂土前需要晾1～2天，之后稍微倾斜或平放在蛭石或砂土上的方式繁
殖，基质最好有些潮气，几天后就能生根，并很快长出新芽，等新芽长大一些即可单独上盆。

（3）分株繁殖

　　倘若女王花笠的母株基部萌生了子株，可在春季进行分株繁殖。

四、红粉台阁栽培与养护

别名　粉红台阁、台阁

1. 形态特征

　　红粉台阁（图5-4）为多年生肉质草本植物，是鲁氏石莲花的栽培品种。红粉台阁
植株有短茎，整体呈紧密排列的莲座状；株径可达10cm左右；叶片肉质，倒卵形，先端
圆，有小叶尖；叶色灰绿色，光照充足时呈现红褐色，被有白粉；穗状花序，钟形小花，
橘色；花期多在夏季。

2. 生长习性

　　红粉台阁需要在充足的太阳光下进行光合作用，其叶片和整个株型才会更有观赏价

值。如果光照时间太短，其叶片颜色会变浅，株型也不美观。

3. 栽培养护

红粉台阁如果在露天环境下进行养护，需要防止大雨侵袭。在炎热的夏天，由于红粉台阁处于休眠期，最好少浇水或不浇水。到了温度适宜的秋天，才能逐渐恢复正常的浇水频率。如果环境温度不到0℃，一定要在停止浇水的同时，还要将植株挪到温暖的大棚内或室内。

4. 繁殖方法

红粉台阁主要采用枝插与叶插的方法进行繁殖，全年都可以进行，但叶插繁殖成功率较低。

图5-4 红粉台阁

五、高砂之翁栽培与养护

| 别名 | 无 |

1. 形态特征

高砂之翁（图5-5）为多年生肉质草本植物。高砂之翁植株直径约20～30cm，茎粗壮；叶片倒卵圆形，稍平直，叶色翠绿色至红褐色，低温期叶色深红，被有白粉，呈莲座状排列；叶缘有褶皱，呈波浪状，常会显现粉红色；聚伞花序，钟形小花，橘色；花期多在夏季。

2. 生长习性

高砂之翁喜阳光，需要接受充足的日照，夏季可以接受全日照，配土以透气为主，需要保持一定湿度，不能过于干燥。

图5-5 高砂之翁

3. 栽培养护

高砂之翁在整个夏季的休眠期少给水或不给水，保持盆土稍干燥，到了9月中旬温度降低后，就开始恢复浇水。夏季多雨季节要注意不要被雨淋，夏季可以不用施肥。每1～2年换盆1次，盆径可以比株径大3～6cm，可促进植株成长。

4. 繁殖方法

高砂之翁主要采用枝插与叶插的方法进行繁殖，全年都可以进行。

六、锦晃星栽培与养护

别名 绒毛掌猫耳朵、金晃星

1. 形态特征

锦晃星（图5-6）为多年生灌木植物。锦晃星植株多为小型，群生；茎肉质，呈细圆棒状，幼时绿色，成熟时棕褐色，多分枝；叶片为倒卵状披针形，肉质肥厚，生于枝干顶部，轮状互生，密被细短的白色毫毛，全缘，先端渐尖；叶色暗绿色，在秋冬季日照充足的情况下，叶片上缘及叶端呈红色；穗状花序，钟形小花，5瓣，半开状，花红色；花期为晚秋至初春。

2. 生长习性

锦晃星喜温暖、干燥和阳光充足的环境，不耐寒，耐干旱和半阴，忌积水；在18～28℃之间的温度下生长良好，越冬温度不宜低于5℃。

3. 栽培养护

锦晃星一定不能多浇水和多施肥。在其生长旺盛期只需要适量施用一些薄肥，浇水遵循"见干见湿"的原则。锦晃星夏季休眠应减少浇水，适当遮阴，注意通风；冬季低温应保持盆土干燥，水分过多根部容易腐烂；冬季低温时，温差越大叶片呈现红色的部分也越大，这时候浇水应选择在晴天的午后，并注意通风情况；上盆、换盆时应尽量不要弄脏叶片，带茸毛的叶子非常难清理，可以用小刷子刷并用水冲洗。

图5-6　锦晃星

4. 繁殖方法

锦晃星以扦插繁殖为主，可枝插和叶插，通常在每年的3～5月进行。如果有丛生大型植株，亦可采用分株繁殖。

七、红艳辉栽培与养护

别名 红辉炎

1. 形态特征

红艳辉（图5-7）为多年生肉质植物，是锦晃星的杂交品种。红艳辉叶片肉质肥厚，互生，倒披针形，呈莲座状生于分枝上部；叶片绿色，密被细短的白色毫毛，顶端有红色尖；光照充足时，叶缘及叶片上部均呈深红色，花为红色；花期多在冬季至早春。

图5-7 红艳辉

2. 生长习性

红艳辉多在凉爽、干燥和阳光充足的环境下生长，耐干旱和半阴，对水分要求不高，忌积水；最低生长温度为6℃。

3. 栽培养护

红艳辉适合养在全日照的阳光房里，生长期需保持土壤湿润；冬季保持6～8℃的温度，控制浇水，盛夏高温时也不宜浇水过多；每15～20天施薄肥1次，每年早春换盆，加入腐叶土、培养土和粗砂的混合土。

4. 繁殖方法

红艳辉主要采用扦插的方法进行繁殖。具体操作是将砍下来的植株直接扦插在干燥的颗粒土中，等过几天生根后，再浇少量水即可。

八、锦司晃栽培与养护

| 别名 | 多毛石莲花 |

1. 形态特征

锦司晃（图5-8）为多年生肉质植物。锦司晃植株无茎，易丛生；叶片较厚，肉质，匙形，先端卵形，有小钝尖，基部狭窄，表面布满白色短毛，呈莲座状排列；叶正面微内凹，背面圆凸；叶绿色，顶端叶缘和叶尖呈红褐色；花序高20～30cm，花小而多，黄红色。

2. 生长习性

锦司晃多在光照充足、干燥以及通风良好的环境下生长，在夏季高温天气时会处于休眠状态。生长适宜的温度在15～25℃，冬季需要在5℃以上。

3. 栽培养护

锦司晃所需的培养土可用泥炭、蛭石和珍珠岩的混合土；生长期浇水要遵循"干透浇透"的原则；夏天要注意通风、节水，并适当遮阴。

4. 繁殖方法

锦司晃主要采用扦插和叶插的方

图5-8 锦司晃

法进行繁殖，扦插的时候通常多用基部萌生的芽扦插，叶插繁殖相比扦插繁殖成活率低。

九、雪莲栽培与养护

1. 形态特征

雪莲（图5-9）为多年生肉质草本植物。雪莲植株多为小型，株高和株幅均为10～15cm；叶片倒卵匙形，肉质肥厚，顶端圆钝，有一小尖，叶片腹面稍有凹陷，叶背微微圆凸；叶色为灰绿色，被有白粉，白粉下为浅粉色；总状花序，花红色或橙红色，通常有10～15朵花；花期为初夏至秋季。

图5-9 雪莲

2. 生长习性

雪莲多在光照充足、空气干燥凉爽以及昼夜温差比较大的环境下生长，耐旱、耐寒，怕闷热和水涝。

3. 栽培养护

雪莲在夏季气温高于25℃时开始进入半休眠，30℃时就会完全休眠，这时候要减少浇水，勿施肥，并放置于通风、凉爽的地方，冬季气温维持在10℃可以持续生长。春秋季节正常养护就可以了，每月可浇水3～4次。秋、冬和初春的寒凉季节，应增加日照时间。

4. 繁殖方法

雪莲主要采用分株、叶插和播种的方法进行繁殖。

（1）分株繁殖

通常情况下，雪莲进行分株繁殖都是结合翻盆同时进行的。具体操作是将雪莲的植株从花盆里取出，之后将老植株上面新萌发出来的小植株取下。倘若带有根系，可直接上盆养护，如果没有根系的话，将其在半阴处晾晒几天，再上盆养护同样可以成活。

（2）叶插繁殖

这是雪莲最常见的繁殖方法。可以在生长旺盛期选择植株上较为肥厚壮实的叶子，将其剪下来，等到伤口晾干后再进行叶插。叶插是指将叶子直接斜插到土壤里或平放到土壤上，注意插好后要进行适当喷水，放在半阴处，保持土壤处于半干燥状态，很快就能生根发芽。

（3）播种繁殖

一般在雪莲的种子成熟后随采随播，切记雪莲种子不可保存太长时间。

十、黑王子栽培与养护

别名 | 无

1. 形态特征

黑王子（图5-10）为多年生肉质草本植物，是石莲花的栽培品种。黑王子植株茎短，株幅15～20cm，呈标准的莲座状；叶片肉质肥厚，匙形，顶端有小尖，叶色为黑紫色，在生长旺盛或光照不足时，中间呈深绿色；聚伞花序，红色或紫红色，小花；花期多在夏季。

2. 生长习性

黑王子不需要细心呵护就能生长良好，多在光照充足和温暖干燥的环境下生长，比较耐旱、稍耐半阴，不耐寒冷；生长最适宜的温度为15～25℃。

3. 栽培养护

黑王子到了炎热的夏天，植株会进入短暂的休眠期，此时植株很可能停止生长。需要将其放置在通风良好处，不可过多淋雨，需要适当进行遮光处理，少浇水，不用施肥。

图5-10 黑王子

到了春秋两季和初夏时期，植株进入生长旺盛期，应该给予其充足的光照。

4. 繁殖方法

黑王子可采用叶插繁殖。叶插最好在其生长旺盛期进行。具体操作是掰取成熟且完整的黑王子叶片，晾1～2天，再将晾干的叶片稍微倾斜或平放在有些潮气的蛭石或砂土上，过几天就能生根发芽，等到新芽长大一些，就可以移到新的盆土中栽种。此外，还可用老株旁边萌生的幼株进行扦插，也容易成活。

十一、紫珍珠栽培与养护

别名 | 纽伦堡珍珠

1. 形态特征

紫珍珠（图5-11）为多年生肉质草本植物，是星影和粉彩莲的种间杂种。植株中小型呈紧密排列的莲座状；叶片肉质，光滑，匙形，腹部微微向内凹陷，先端圆钝，有小叶尖，被有少许白粉；叶色为粉紫色，叶缘呈粉白色，光照不足时叶色会呈现灰绿色或深绿色，光照充足时颜色亮丽；簇状花序，生于叶片中间，花色为略带紫色的橘色；花期为夏末至初秋。

2.生长习性

紫珍珠喜阳光充足的环境，但不能暴晒，夏季需要遮阴、通风。紫珍珠的适应性比较强，适宜的生长温度为15～25℃。

3.栽培养护

紫珍珠在春秋两季根系良好的情况下，可以适当淋雨，也可以适量施肥。初夏可以喷洒杀虫剂预防蚧壳虫。冬季气温低时，可减少浇水量。北方室内养护需要放置在阳光充足的地方，否则叶片会长得大而薄。

图5-11 紫珍珠

4.繁殖方法

紫珍珠主要采用叶插、枝插和分株的方法进行繁殖。

（1）叶插繁殖

将完整的紫珍珠成熟叶片平铺在湿润的砂土上，让其叶面朝上，不需要用土覆盖，然后将其放置在荫蔽处，大概10天就能从叶片基部长出小叶丛和新根，最后将根系埋到培养土里，进行正常的水肥管理即可。

（2）枝插繁殖

枝插可选择用紫珍珠的蘖枝或顶枝，剪取的插穗可长可短，剪下来的叶片需要晾干后，再将其插入砂床中。插后大概20天即可生根，生根后就可以浇水。另外，如果在插穗生根前发现叶片的底部出现干枯或萎缩的现象，属于正常现象，等到其根系长好后，只要适当地补充水分，就能自然恢复。

（3）分株繁殖

可等紫珍珠根部长出新枝或侧芽后再进行分株繁殖。

十二、花月夜栽培与养护

别名 红边石莲花

1.形态特征

花月夜（图5-12）为多年生肉质草本植物，有薄叶型和厚叶型两种。花月夜植株多为中小型，群生或单生；叶片为匙形，先端圆钝，有小叶尖，肉质，呈莲座状紧密排列；叶色为浅蓝色，叶缘有白边，光照充足时叶尖和叶缘变成红色；花黄色，铃铛形，5瓣；花期多在春季。

2. 生长习性

花月夜喜阳光，耐旱，生长适温为15～25℃；夏季遮阴，冬季休眠，温度维持在5℃以上。

3. 栽培养护

花月夜为"夏种型"植物，冬季休眠时，断水；夏季30℃以上高温时也需要断水。浇水时防止浇到植株的茎叶上，平时给予适当光照。

4. 繁殖方法

花月夜主要采取茎插和叶插两种方法繁殖，叶插比较容易成活，但是花月夜的叶片不太好掰，稍不小心就会损坏生长点或掰断，最好在换盆时摘叶片。尽量捏住叶片基部，左右轻轻晃动，在叶片生长点剥离。

图5-12 花月夜

十三、皮氏石莲栽培与养护

别名 蓝石莲

1. 形态特征

皮氏石莲（图5-13）为多年生肉质草本植物。皮氏石莲植株多为中小型，短茎，呈紧密排列的莲座状；叶片匙形，肉质，表面平滑，先端圆钝，有小叶尖；叶色为蓝色，被有白粉，光照不足时叶片会变为蓝绿色，光照充足时叶尖和叶缘带粉红色；穗状花序，花黄红色，倒钟形；花期多在春季。

图5-13 皮氏石莲

2. 生长习性

皮氏石莲喜温暖干燥和阳光充足的环境，耐干旱，不耐寒，稍耐半阴。

3. 栽培养护

皮氏石莲到了炎热的夏天会进入短暂的休眠期，植株生长也会变得缓慢，甚至停止生长。此时，一定要避免被强光直射。皮氏石莲在春秋两季和初夏时进入生长旺盛期，一定要对其进行充足的光照，高温季节要少浇水，生长期浇水遵循"干透浇透"的原则，保持盆土稍微干燥，冬季生长温度在5℃以下时要少浇水。

4. 繁殖方法

皮氏石莲主要采用叶插与扦插的繁殖方法。通常情况下，皮氏石莲主要采取叶插的繁殖方法，也可以把皮氏石莲的侧芽用手小心掰下进行扦插繁殖。

十四、露娜莲栽培与养护

别名 劳拉、露娜

1. 形态特征

露娜莲（图5-14）为多年生肉质草本植物，是静夜和丽娜莲的种间杂种。露娜莲植株多为中小型，株高可达10cm，株径可达20cm；叶片卵圆形，肉质，先端有小叶尖；叶色灰绿色，被有白粉，边缘呈半透明状；阳光充足时叶色呈淡紫色或淡粉色；聚伞花序，淡红色；花期多在春季。

2. 生长习性

露娜莲多在光照充足、通风良好的环境下生长。比较耐旱和耐半阴，不耐寒，能够接受6个小时以上的强光照。

图5-14 露娜莲

3. 栽培养护

露娜莲浇水需要遵循"见干见湿"的浇水原则，盆底部不可积水，否则会导致植株整体腐烂。露娜莲在早春时，其株形余叶片颜色都很漂亮。此时最好少浇水、薄施肥；夏天温度在32℃以上需要进行遮阴处理；在炎热潮湿的环境下也要少浇水甚至不浇水。冬季进行合理控水后，露娜莲的叶片将会变得更加肥厚，粉紫色面积也会有所增加。冬季生长温度过低时，最好将露娜莲移到阳光充足的地方。

4. 繁殖方法

露娜莲采用枝插、分株的繁殖方法都容易成活。露娜莲叶插繁殖非常容易成功，一年四季都可以叶插，只要保证气温不低于10℃即可。

十五、特玉莲栽培与养护

别名 特叶玉蝶

1. 形态特征

特玉莲（图5-15）为多年生肉质草本植物，是鲁氏石莲花的变异品种。特玉莲植

株多为中型，株高20～30cm，株幅25～35cm；叶片肉质，呈莲座状排列，叶片为长条形，基部稍窄，顶端稍宽，两侧边缘向叶背反卷，在叶背中央形成一条明显的沟；叶顶端渐窄，有小叶尖，向莲座中心方向弯曲；叶正面有2～3道浅沟；叶色为蓝绿色至灰白色，被有白粉，光照充足时呈现淡粉红色；总状花序，拱形，高16～20cm，花橙色或亮红色，花冠呈五边形；花期为春秋季。

图5-15 特玉莲

2. 生长习性

特玉莲多在光照充足、基质温暖干燥以及通风良好的环境下生长，较为耐干旱，不耐水涝，没有发现其有明显的休眠期。当特玉莲生长在光照充足、温差大的环境下，其叶片会变成好看的淡粉色。

3. 栽培养护

特玉莲除了夏季，其他季节都可以全日照养护，春秋季可以露养的话就露养，注意避免连续几天淋雨，可以每月适当施肥。夏季高温生长缓慢，处于半休眠状态，需要遮阴、控水，保持盆土干燥。在室内无风的情况下最低耐受温度为5℃，刚栽种不久的植株或幼苗应更早一些搬入室内养护。

4. 繁殖方法

特玉莲主要用叶插、分株的方法进行繁殖，成活率都很高。

（1）叶插繁殖

特玉莲在叶插繁殖时，需要将剪取下来的完整特玉莲成熟叶片平铺在潮湿的砂土中。注意将其叶面朝上，不用覆土。将其放到阴凉处，大概10天就能从叶片基部可长出小叶丛和新根，最后将其根系埋到培养土里，放到阳光充足的地方，适量对其浇水、施肥，慢慢就能长成一棵茁壮的新株。

（2）分株繁殖

特玉莲进行分株繁殖最好在春天进行。

十六、吉娃莲栽培与养护

别名 | 吉娃娃

1. 形态特征

吉娃莲（图5-16）为多年生肉质草本植物。吉娃莲植株多为小型，易群生，无茎，呈紧密排列的莲座状；叶片卵形，肉质肥厚，被有浓厚的白粉，先端有小叶尖，叶背拱

起如龙骨状；叶色为蓝绿色，光照充足时叶缘和叶尖呈玫瑰红色；穗状花序，花梗可达20cm，花开红色，先端弯曲，钟状；花期为春末至夏季。

图5-16　吉娃莲

2. 生长习性

吉娃莲生性较强健，不耐寒，耐干旱和半阴，忌水湿。

3. 栽培养护

吉娃莲在春秋季节可全露养，室内养护每2周浇水1次，盆土切忌过湿。吉娃莲夏季养护稍有难度。气温超过30℃时建议适当遮阴，尤其是小苗，不能长时间接受全日照，应尽量避免直射光。夏季浇水应注意减少浇水量，浇水后应特别注意通风，使盆土内的水分尽快蒸发掉，否则高温高湿的土壤环境很容易造成植株黑腐。

4. 繁殖方法

吉娃莲适合采用播种、扦插以及叶插的方法进行繁殖。

（1）播种繁殖

吉娃莲在进行播种繁殖的时候，需要从市场中选购当年的成熟种子，将种子放在杀菌液中浸泡后，再在荫蔽处自然晾干，最后种到装有培养土的花盆中。将花盆放到16～19℃的温度下，过几天就能生根发芽。

（2）扦插繁殖

在春末夏初之际，从吉娃莲植株上将已经成熟了的饱满叶片剪下来，要注意剪过的位置要平整，尽最大可能减小伤口的表面积。等到切口自然晾干后，插入处于半荫蔽的砂床之中，大概3个星期后即可生根，等其成长为幼株后移到盆中即可。

（3）叶插繁殖

叶插繁殖是吉娃莲最为常见的繁殖方法，因其操作简单，人们在繁殖吉娃莲的时候多选择叶插繁殖的方法。具体操作是在成熟健壮的吉娃莲上，取下健壮饱满的叶片，平着放置在装有适当配土的盆中，将花盆放置在比较温暖的环境下，几天后就能生根发芽。因为吉娃莲的生长缓慢，所以要想形成独立的植株，需要的周期也相对比较长。

十七、白凤栽培与养护

别名 | 无

1. 形态特征

白凤（图5-17）为多年生肉质草本植物，是雪莲和霜之鹤的种间杂种。白凤植株较大，有短茎，呈莲座状；叶片肉质，匙形，叶中间有一条凹槽，叶背有龙骨状凸起，

先端有小叶尖；叶色为翠绿色，被有白粉，冬季叶背、叶缘、叶尖会泛红色；花自叶腋生出，歧伞花序，花红色，内橘色外粉红色，钟形，花期多在秋季。

2. 生长习性

白凤喜在阳光充足的环境下生长，可全天生长在阳光下；平时是绿色的，只有在经过长时间的光照后才会变成红色。白凤不需要多浇水。

图5-17　白凤

3. 栽培养护

由于白凤叶片中心覆盖了一层很薄的白粉，看起来比较美观。因此，浇水的时候最好避开叶片中心点，以免破坏美感。当白凤开花后，记得将花茎修剪掉，以免影响其正常生长。

4. 繁殖方法

白凤进行叶插繁殖时不易出芽，因此，白凤以扦插繁殖为主。

十八、舞会红裙栽培与养护

别名 无

1. 形态特征

舞会红裙（图5-18）为多年生肉质草本植物。舞会红裙植株多为中型，呈莲座状，有茎，单生或群生；叶片肉质，宽大，呈倒卵形，基部窄，先端宽，叶缘呈小波浪状，叶面有3～5条褶皱；叶片比高砂之翁要肥厚，叶色翠绿色至红褐色，被有白粉，叶缘为粉红色；穗状花序，有花梗，长度可达30cm；花橘色，钟形；花期多在夏季。

2. 生长习性

舞会红裙适合全日照，温度高于35℃进入休眠，可耐0℃低温。

3. 栽培养护

舞会红裙在夏季休眠时适当遮阴，少水或不给水；冬季气温0℃以下要断水；春秋季正常给水，浇水一定要干透后再浇，可以每季度施用长效肥1次。每1～2年换盆1次，配土以透气为主。

图5-18　舞会红裙

4. 繁殖方法

舞会红裙主要采用枝插法与叶插法进行繁殖，全年都可以进行。

十九、罗密欧栽培与养护

别名 | 金牛座

1. 形态特征

罗密欧（图5-19）为多年生肉质草本植物，属于东云系列。罗密欧植株多为中型，株型端庄，易群生，呈紧密排列的莲座状；叶片为匙形，表面光滑，肉质肥厚，先端渐尖，叶背有龙骨状凸起；叶色为浅红色，叶尖紫红色或紫褐色，新叶带有绿色；聚伞圆锥花序，花梗长，花橙红色，锥状，花小，5瓣；花期为春夏季。

图5-19　罗密欧

2. 生长习性

罗密欧多在温暖干燥和光照充裕的环境下生长，稍微耐寒和耐半阴环境。

3. 栽培养护

罗密欧在温度允许的情况下，尽量放在室外养护。如果没有露养条件，室内需要增加通风，或摆放到阳光充足的位置。罗密欧在生长期可以适度施肥，坚持"薄肥勤施"的原则。冬季室温维持0℃以上，盆土干燥的情况下可以安全越冬。浇水量可以大，但是必须保证盆土不积水。罗密欧全年生长速度都比较慢，可以3～4年不用换盆。

4. 繁殖方法

罗密欧的繁殖方法主要是叶插和枝插，但叶插成活率稍低。

二十、初恋栽培与养护

别名 | 无

1. 形态特征

初恋（图5-20）为多年生肉质草本植物，是石莲花属和风车草属的属间杂种。初恋植株多为中小型，呈松散排列的莲座状，有茎，群生，易生侧芽，侧芽从基部抽出；叶片肉质，较薄较长，匙形，被有白粉，先端渐尖，叶面中间微微向内凹陷，叶背有龙骨；叶色为浅蓝色或蓝绿色，阳光充足时叶片为粉红色，半日照或日照不足时叶片为蓝绿色；聚伞花序，黄色，钟形，5瓣；花期多在春末。

2. 生长习性

初恋喜温暖、干燥和阳光充足的环境；不耐寒，耐干旱和半阴。

3. 栽培养护

初恋在其生长旺盛期需要每个星期浇1次水，每次最好浇水量达到花盆容积的1/3。阴雨季节与冬季最好每个月浇水1次。夏季应注意通风，否则会滋生蚧壳虫。秋冬正常养护。

4. 繁殖方法

初恋选用叶插的繁殖方法，几乎百分百能够成活。

图5-20　初恋

二十一、女雏栽培与养护

别名 | 红边石莲

1. 形态特征

女雏（图5-21）为多年生肉质草本植物。女雏植株多为小型，群生，易生侧芽，呈紧密排列的莲座状，叶片肉质，匙形、细长，叶面平滑或稍内凹，叶背凸起有龙骨，先端有明显的小叶尖；叶片多为淡绿色，表面有白粉，光照充足时叶缘和叶尖呈粉红色；花自叶腋生出，穗状花序，花黄色，倒吊钟形；花期多在春季。

2. 生长习性

女雏喜温暖、干燥和阳光充足的环境，耐干旱，忌高温暴晒。

3. 栽培养护

女雏配以疏松透气的砂质土壤，春秋浇水见干见湿，放置在阳光充足且通风处就能很好地生长。夏季生长缓慢，需要注意控水，减少浇水量，注意遮阴和通风。南方冬季不低于5℃，保持盆土干燥就能安全过冬。

4. 繁殖方法

女雏叶插非常容易成功，只要保持土壤湿润，一周内便可出根出芽，出根后要循序渐进晒太阳。女雏枝插繁殖也比较简单，成活率非常高。群生的女雏也可以进行分株繁殖。

图5-21　女雏

二十二、虹之玉栽培与养护

1. 形态特征

虹之玉（图5-22）为多年生肉质草本植物。虹之玉植株多为中小型，株高可达15cm，易群生；枝干细长，肉质，新枝绿色，老枝红褐色；叶片互生，肉质，圆筒形至卵形，长1～2cm；叶绿色，表皮光亮无白粉，光照充足时顶端呈红褐色；聚伞花序，淡黄红色，小花，星状；花期多在冬季。

图5-22 虹之玉

2. 生长习性

虹之玉喜温暖及昼夜温差明显的环境，对温度的适应性较强，在10～28℃均可良好生长。

3. 栽培养护

虹之玉喜阳光，在整个生长期都应该给予其充分的光照，切忌不能强光照射，否则会导致叶片被灼伤。当炎热的夏季到来之际，最好对其进行适当遮光。秋季气温降低，是其生长最佳季节，此时光照能使叶片逐渐变为红色。虹之玉生长极为缓慢，比较耐旱，不可对其施加过多的肥料和浇太多的水，遵循"见干浇透"的浇水原则，冬季要少浇水。每个月只需要施加1次有机液肥。

4. 繁殖方法

虹之玉一般采取扦插的方法进行繁殖，包括茎插和叶插。茎插可利用修剪下来的虹之玉枝条，截成大概5cm的茎段，在荫蔽处晾晒3～5天，等到切口稍干后再将其插到苗床中。叶插繁殖是从茎上摘取完整叶片（切记一定不能损伤叶片），放置3天后再进行扦插繁殖。

二十三、黄丽栽培与养护

1. 形态特征

黄丽（图5-23）为多年生肉质草本植物。黄丽植株多为小型，高8～14cm，有短茎，呈松散排列的莲座状；叶片为长匙形，肉质肥厚，表面平滑，先端渐尖，叶背拱起呈半圆形；叶色为黄绿色，表面蜡质，光照充足时叶缘泛红；聚伞花序，花小，浅黄色，单瓣，较少开花；花期多在夏季。

2. 生长习性

黄丽在春秋季是生长季节，需要充足的阳光。夏季高温要保持盆土稍干，忌阳光暴晒。黄丽生长迅速，就算是阳光充足、控水合理的时候叶片也会稍有稀松。

3. 栽培养护

黄丽对土壤要求不高，河砂加园土的配土也能使其很好地生长。在生长季盆土差不多全部干透的时候浇透水。夏季适当遮阴，放在通风透光处养护。

4. 繁殖方法

黄丽可以用叶插、枝插、分株的方法进行繁殖，砍头繁殖的速度比较快。

图5-23　黄丽

二十四、虹之玉锦栽培与养护

别名 | 无

1. 形态特征

虹之玉锦（图5-24）为多年生肉质草本植物，是虹之玉的斑锦品种。虹之玉锦植株多为中小型，株高可达20cm左右，直立生长，顶端排列成莲座状，易群生；枝干细长；叶片肉质，轮生，圆筒形至卵形，长可达4cm；叶面光滑，无白粉，先端平滑圆钝，叶片上部粉白相间，颜色较虹之玉浅，叶片中间为浅绿色；聚伞花序，淡黄色，星状；花期多在夏季。

图5-24　虹之玉锦

2. 生长习性

虹之玉锦喜温暖、干燥和光照充足的环境，耐旱性强；喜阳光、耐干旱，不耐寒，冬季最低温度需在10℃以上。

3. 栽培养护

虹之玉锦适合在疏松肥沃、排水良好的砂壤土中生长。在其生长旺盛期需要浇适量水，当夏季处于湿热环境中时，要少浇水并加强通风，半遮阴，让虹之玉锦生长在清凉的环境中。冬季注意不要将其放到温度太高的温室内，温度只要不低于10℃即可。

4. 繁殖方法

虹之玉锦主要采用扦插的方式进行繁殖。在虹之玉锦的生长旺盛期，从植株上挑选健壮的叶片用刀切下，之后将叶片放置在阴凉的环境中晾几天，等到稍干后就插入盆砂中，浇一点点水，只要盆砂保持潮湿，虹之玉锦就很容易生根。当根长到2～3cm时，即可移入小盆中。枝插或叶插都是不错的繁殖方法，以叶插为好。

二十五、八宝景天栽培与养护

别名 | 长药八宝、华丽景天

1. 形态特征

八宝景天（图5-25）为多年生肉质草本植物。八宝景天植株多为中型，茎直立生长，青白色，肉质，多分枝，地下茎肥厚，较粗壮；叶片轮状对生，肉质，着生于茎上，倒卵状长圆形，长10cm左右，宽3cm左右，先端圆钝，叶缘呈波浪形，基部渐狭；叶色为灰绿色，密被白粉；簇状花序，伞房形，花粉红色或白色，花瓣披针形，5瓣；花期为7～10月。

图5-25　八宝景天

2. 生长习性

八宝景天多在强光照、干燥以及通风良好的环境下生长，具有很强的环境适应性，植株能够忍耐-20℃的低温。八宝景天多种植在排水良好的土壤中，比较耐贫瘠和干旱，忌水涝和长期雨淋。

3. 栽培养护

八宝景天到了夏季可在强光下栽培，过低的光照度会引起茎段徒长，应经常保持培养土湿润，冬季可安全越冬。

4. 繁殖方法

八宝景天可用分株和扦插的方法繁殖，一般采用扦插方法，选择长势良好的茎段，去掉基部1/3的叶片，在阴凉处晾置1～2天，斜插入平整的培养土即可。

二十六、小松绿栽培与养护

别名 | 球松

1. 形态特征

小松绿（图5-26）为多年生常绿草本植物。小松绿植株多为小型，株高10cm左右，多分枝；茎短，密生红褐色的细毛；叶肉质，圆柱形或披针形，长1cm左右，聚生于枝梢顶端，呈放射状；叶绿色至深绿色，全年常绿；聚伞花序，黄色，较小；花期多在春季。

图5-26　小松绿

2. 生长习性

小松绿多在温暖干燥的环境下生长，比较耐半阴，怕浇水过多。

3. 栽培养护

小松绿在透气性能好的土壤中生长良好，选择的花盆不用太大，如果温度达到27℃以上，小松绿就会进入半休眠状态，此时一定要少浇水。只有盆土非常干燥时才浇水，要将其放置在半阴环境下。因小松绿只有在5℃以上才能正常生长，所以，在寒冷的冬天一定要将其放到温暖的室内越冬。

4. 繁殖方法

小松绿主要采用扦插的方法进行繁殖。在春秋两季，小松绿进入生长旺盛期时，把生长发育充实的小枝掰下来后再将其插到花盆里，并保持盆土潮润，放到阳光充足的地方，大概10天即可生根发芽。

二十七、姬星美人栽培与养护

别名　无

图5-27　姬星美人

1. 形态特征

姬星美人（图5-27）为多年生肉质植物。姬星美人植株低矮，群生，茎多分枝；叶片肉质，倒卵圆形，长2cm左右，互生，膨大；叶色为蓝绿色，阳光不足时叶片紧凑，节茎伸长，徒长明显，易伏倒；阳光充足时叶片为蓝粉色，植株会变矮小，匍匐于盆土；花粉白色；花期多在春季。

2. 生长习性

姬星美人多在阳光充裕、土质肥沃且排水性良好的砂质土壤以及温暖干燥的环境下生长，比较耐寒，耐旱，怕水涝。

3. 栽培养护

姬星美人在夏季高温强光时适当遮阴，但遮阴时间不宜过长，否则茎叶柔嫩，易倒伏。秋季可放置在阳光充足的地方，冬季生长温度维持在10℃为好，减少浇水，保持培养土稍干。姬星美人在春季换盆，换盆时对茎叶适当修剪。

4. 繁殖方法

姬星美人常用播种和扦插的方法繁殖。播种在2～5月进行，采用室内盆播，播后12～15天发芽。扦插全年均可进行，易存活，可茎插和叶插。

二十八、薄雪万年草栽培与养护

别名 矶小松

1. 形态特征

薄雪万年草（图5-28）为多年生肉质草本植物。薄雪万年草植株多为小型，呈群生状，生有须根，茎匍匐生长；叶片呈细小棒状，簇生于枝干，基部抱茎，表面覆有少许白色蜡粉；叶色为翠绿色，光照不足时叶片排列会较松散；花6瓣，星形，粉白色；花期多在夏季。

2. 生长习性

薄雪万年草植株生长密集，覆盖性良好，生长迅速，耐强光暴晒、耐干旱，喜全日照，半日照也能生长，怕热耐寒。

3. 栽培养护

薄雪万年草在生长旺盛期时需要进行充足的光照，即便在炎热的夏天也不需要对其作任何遮光处理。当温度达到35℃时，应对其进行适当遮阴，保持通风良好，少浇水。冬季生长温度在5℃以上时，也要少浇水，如果低于5℃，就要将其搬到室内越冬。培养土没有特别的要求，选择砂质土壤更好，不用对其施肥。

4. 繁殖方法

薄雪万年草进行分株繁殖时可结合换盆同时进行。具体操作是将丛生的薄雪万年草分开，分别栽种到花盆中即可。也可在其生长旺盛期进行扦插繁殖，插穗可长可短，薄雪万年草很容易生根成活。

图5-28 薄雪万年草

二十九、千佛手栽培与养护

别名 菊丸、王玉珠帘

1. 形态特征

千佛手（图5-29）为多年生肉质植物。千佛手植株多为中小型，株高20cm左右，易群生，有短茎；叶片为椭圆披针形，微微向内弯，肉质肥厚，长3cm，粗1cm，先端较尖，呈莲座状排列；叶色为青绿色，表面光滑；聚伞花序，黄色，星状；花初开时被绿叶包拢，张开时露出花苞；花期多在春夏季。

图5-29 千佛手

2. 生长习性

千佛手喜阳光充足、温暖干燥的环境，也耐半阴，长时间光照不足会造成徒长，对水分需求不多。

3. 栽培养护

千佛手适合选择透水透气的砂质土壤栽培。春秋季是千佛手主要生长季，浇水应见干见湿，有条件的话最好露养。夏季阳光强烈时需要遮阴，避免将叶片晒伤。冬季保证阳光充足，适当控水。

4. 繁殖方法

千佛手进行叶插繁殖的出芽率接近百分之百，而且在掰掉叶片的地方容易长出侧芽，侧芽长大后也可以分株繁殖。

三十、翡翠景天栽培与养护

别名 玉珠帘、串珠草、玉串驴尾、松鼠掌

1. 形态特征

翡翠景天（图5-30）为多年生肉质草本植物。翡翠景天植株多为中小型，匍匐下垂生长，茎翠绿肉质；叶片肉质肥厚，呈圆筒披针形，较粗短，轮生，较弯曲，长1.5～2cm，先端渐尖；叶片排列紧密；叶色为青绿色，表面被有白粉；花生于叶腋，有花梗，桃红色，钟形；花期多在春季。

2. 生长习性

翡翠景天多在阳光充裕、通风良好以及空气干燥的环境中生长，怕水涝与强光照，比较耐半阴。最好将翡翠景天种在疏松的砂壤土中。

3. 栽培养护

翡翠景天盆栽所用的基质最好是1份泥潭土和2份粗砂粒的混合土。浇水应遵循"见干

见湿"的原则，在生长旺盛期和夏天高温时要少浇水，并对其进行适当的遮光处理。冬季生长温度至少要在10℃以上，也要少浇水。一般情况下，盆土都要保持略干燥。在其生长旺盛期还要施加2～3次薄肥。

4. 繁殖方法

翡翠景天适合进行扦插繁殖，且全年都可进行，用处于生长旺盛期的植株茎叶扦插最好。具体操作是将剪取的5～10cm长枝条插到砂床中，也可将肉质小叶撒落到湿砂上，插后大概1个月后即可生根，等到其长出新叶时再上盆。剪下来的嫩枝可直接插入砂床，在温度高于25℃的环境下，25天后就能生根发芽。

图5-30　翡翠景天

三十一、珊瑚珠栽培与养护

别名　锦珠

图5-31　珊瑚珠

1. 形态特征

珊瑚珠（图5-31）为多年生肉质草本植物。珊瑚珠植株多为小型，群生，向上直立生长，易分枝；株高8～15cm，茎细；叶片肉质肥厚，交互对生，卵圆形，先端渐尖似米粒，长1～2cm，表面有细短绒毛；叶片在光照充足或温差大时，会变成红褐色或紫红色，泛有光泽，像赤豆、红珠子或成熟的葡萄，光照不足时呈绿色；花成串开放，白色，花梗较长；花期多在秋季。

2. 生长习性

珊瑚珠在炎热的夏天会陷入短暂的休眠期。珊瑚珠生性强健，比较适合种植在室外，可耐-5℃的低温。

3. 栽培养护

珊瑚珠除了在盛夏季节需要进行半

阴养护外，其他时间都需要处于全日照环境中。到了寒冷的冬季时，再将其放到室内空调房内养护，为了保持盆土湿润，可以适当喷些水。盆土只需要选择用多肉类植物专用土即可。

4. 繁殖方法

珊瑚珠繁殖主要以叶插为主。

三十二、新玉缀栽培与养护

| 别名 | 维州景天、新玉串 |

1. 形态特征

新玉缀（图5-32）为多年生肉质草本植物。新玉缀植株多为中小型，株高15cm，茎细；叶片肉质肥厚，卵圆形，先端渐尖，似米粒状，表皮光滑，长1cm，排列紧凑不弯曲，可长成玉串，触碰易脱落；叶色为翠绿色，表面有薄层的白粉；花钟形，桃红色，花蕊黄色。

2. 生长习性

新玉缀多温暖、干燥、阳光充足的环境，适宜生长的温度为10～32℃，需水量稍多。

3. 栽培养护

新玉缀在夏季10：00～17：00需要遮阴，避开阳光强烈的时段，注意通风。冬季温差大，注意保温。浇水应见干见湿，气温低于5℃或高于33℃时生长缓慢，应减少浇水量，不需要经常施肥。

4. 繁殖方法

掉落的新玉缀叶片可用来叶插，成活率非常高。除了叶插外，还可以剪取一段新玉缀的枝条扦插，出根迅速，生长快，一年多的植株就可以垂吊生长。

图5-32 新玉缀

三十三、天使之泪栽培与养护

| 别名 | 圆叶八千代 |

1. 形态特征

天使之泪（图5-33）为多年生肉质草本植物。天使之泪植株多为小型，多分枝，茎

肉质，直立生长；叶片倒卵形，肉质肥厚，轮生于枝干，顶端密生；叶片微微向上弯曲，叶背凸起，先端圆润；叶色翠绿色至黄绿色，叶面光滑，有少许白粉，阳光充足时叶片呈黄色；簇状花序，花小，数量多，黄色，6瓣；花期多在秋季。

图5-33 天使之泪

2. 生长习性

天使之泪属于夏季休眠的多肉植物，但休眠期不明显，生长速度快；喜光照，耐干旱。

3. 栽培养护

天使之泪配土可选择透气排水性良好的土壤，如泥炭土、颗粒土1∶1的比例配制。平时可以等土壤接近干透再浇透一次水。盛夏时适当遮阴，加强通风，控制浇水。冬季生长温度低于5℃时应控制浇水，搬到室内向阳处养护。

4. 繁殖方法

天使之泪通过枝插、叶插或播种都可进行繁殖。

（1）枝插繁殖

在天使之泪植株生长季节掰取基部萌发的芽，晾几天待伤口干燥后，扦插在赤玉土中，不过天使之泪自然出芽率极低，可在生长季节将健壮植株进行枝插。方法是用锋利的刀将植株上部切去，约保留基部3片叶子，伤口处涂抹多菌灵或硫黄粉，以防腐烂，上半部晾一周左右，待伤口干燥后扦插，下半部则留在原盆中，又会长出一些幼芽，等其稍大些后割取用于扦插。

（2）叶插繁殖

可以用完整、充实的天使之泪叶片进行扦插繁殖，但成功率不高。

（3）播种繁殖

可通过人工授粉的方法获取天使之泪的种子，种子成熟后随采随播，但播种苗变异性较大，应注意从中选出品质优良的小苗。

三十四、趣蝶莲栽培与养护

别名 去蝶丽、趣情莲、双飞蝴蝶

1. 形态特征

趣蝶莲（图5-34）为多年生肉质植物。趣蝶莲植株多为中小型，单生，株高10～18cm，株幅可达30cm，有短茎；叶片交互对生，肉质，4～6枚，卵形或椭圆形，宽大，有短柄，叶缘锯齿状，两侧向中间折叠，叶背有折痕；叶淡绿色，叶缘紫红色，叶面有圆状凸起；成熟时会有细而长的匍匐枝自叶腋抽出；花葶细长，自叶腋抽出，花有4瓣，白色。

图5-34　趣蝶莲

2. 生长习性

趣蝶莲多在阳光充足、温暖干燥的环境下生长，比较耐旱和耐半阴，忌盆内积水和低温环境。

3. 栽培养护

趣蝶莲到了炎热的盛夏季节，为了防止其被强光照灼伤，需要适当遮阴，以光线充足且没有直射光为佳。由于光线不足，就会导致叶片变形或显得柔软、不挺拔，叶片的颜色也变成暗黄色，非常影响株形的美观。除此之外，在闷热的夏天，为了使植株不受损害，还要将其放置在良好的通风处。春、秋、冬三季则需要对其进行全日照。冬天也要将其放置在光线明亮的阳台上，温度保持在不低于5℃即可安全越冬。趣蝶莲栽培过程中不要多浇水，以免引起烂根，可用向叶面喷水的方式增加空气湿度。每年春天，就要对植株进行换盆，盆土最好选择用疏松、肥沃的砂壤土为佳。

4. 繁殖方法

趣蝶莲可以通过不定芽、叶插的方法进行繁殖。

（1）不定芽繁殖

在趣蝶莲的生长旺盛期，可把植株匍匐枝顶端的不定芽用剪刀剪下来，随后把不定芽上盆栽种即可，这种方法全年可行，春秋两季长势更好。

（2）叶插繁殖

可在5～6月期间，对趣蝶莲进行叶插繁殖。具体操作是将植株成熟的叶片切下，晾2～3天，等到切口干燥后再插入砂土中，保持略有潮气，20～25天就能生根并慢慢长出小植株，等到小植株慢慢长大后，就能够上盆定植了。

三十五、大叶落地生根栽培与养护

别名 阔叶落地生根、宽叶不死鸟

1. 形态特征

大叶落地生根（图5-35）为多年生肉质草本植物。大叶落地生根株高可达1m，茎直立生长，基部木质化；叶片交互对生，肉质，长三角形，两侧向叶心对折，长15～20cm；叶缘有粗齿，缺刻处长有极小的叶片，小叶片圆形对生；叶绿色，有不规则的紫褐色斑纹，叶缘紫红色；顶生复聚伞花序，橙红色，钟形；花期为4～6月。

2. 生长习性

大叶落地生根喜温暖及阳光充足，耐干旱，生长适温为13～19℃，越冬温度为7～10℃。

3. 栽培养护

对大叶落地生根浇水的时候，最好等到盆土干透后再进行浇水。盛夏要稍遮阴，保持充足的水分供应，其他季节都应有充足的光照。气温在10℃左右时应及时挪到充满阳光的封闭阳台培养，在此期间不可施肥，并慢慢减少浇水

图5-35　大叶落地生根

量。冬季室内气温应保持在10℃左右。春季气温稳定在10℃以上时换盆，盆土最好使用疏松、肥沃、排水好的砂质土壤。生长季每月施1～2次基肥。

4. 繁殖方法

大叶落地生根主要用扦插、不定芽以及播种的方法进行繁殖。

（1）扦插繁殖

大叶落地生根以满盆扦插为原则，由中心向外，将不定芽下部略插入介质表面，并保留适当的生长空间。采用底部吸水的方式，将介质充分湿润，或先将介质湿润后再进行扦插，置于光照充足处培养，待介质干燥后再给水。可选择有石缝的石头或礁石（礁石需先进行淡化盐分处理），在石缝处轻轻填入剪碎的水苔或泥炭等介质，将不定芽放在石缝中，在其未生根前1～2周，将成品放置于浅水盘中，加入少许水以湿润石头，以利于初期的生根及固定于石头上。

（2）不定芽繁殖

大叶落地生根叶缘上生有不定芽，选择发育充实的不定芽，以轻轻一碰就掉落为标准来判断其是否已经发育成熟。用不定芽作插穗，其本身已含有未萌发的根，插入介质后成活率高。生根需1～2周。为使其出现群生及丰满的盆趣，生根后应置于全日照环境或光照直射处，有利于矮、肥、胖的袖珍株形养成，不必给予肥料，只需掌握介质干燥后再给水的管理原则即可。

（3）播种繁殖

大叶落地生根的种子细小，播后不覆土，播后约12～15天发芽，发芽率高。

三十六、长寿花栽培与养护

别名　寿星花、圣诞伽蓝菜

1. 形态特征

长寿花（图5-36）为多年生肉质草本植物。长寿花株高10～30cm，茎肉质，直立生长；叶片多为长圆匙形或椭圆形，肉质，长4～6cm，宽3～4cm，单叶对生，密集生于茎上，

图5-36 长寿花

叶缘有波状钝齿；叶深绿色，有光泽；聚伞花序，圆锥状，长8～12cm，花簇生，4瓣，花色有桃红色、绯红色、橙黄色、橙红色、黄色和白色等；花期为1～5月。

2. 生长习性

长寿花多在光照充足、温暖以及稍微有些湿润的盆土环境中生长。长寿花最适宜的生长温度为15～25℃，当夏天温度达到30℃以上时，生长会变得缓慢，冬季生长温度在12～15℃比较好。温度不到5℃时，长寿花的叶片会发红，花期也会有所推迟。当长寿花在冬春两季开花期时，如果生长温度高于24℃，就会抑制开花；如果生长温度在15℃左右，则会开花不断。长春花比较耐旱，但不耐寒冷。需要注意的是，长寿花是短日照植物，对光照反应较为敏感。

3. 栽培养护

长寿花在春秋两季浇水需要遵循"见干浇透"的原则，其他时间只需要保持盆土稍微湿润即可。夏季应该少浇水，5～7天浇1次为好。到了寒冷的冬季，应将长寿花移到室内，最好用和室温接近的水在中午时间浇水，并且1个星期浇1次水最好。长寿花适合生长在肥沃的砂壤土中，盛夏季节要将之放置在通风良好的环境中。在其生长旺盛期，需要每半月施1次肥，进行1～2次摘心，以促使长寿花多分枝、多开花。

4. 繁殖方法

长寿花适合采用扦插和叶插的方法进行繁殖。

（1）扦插繁殖

长寿花最好在5～6月或9～10月期间进行扦插繁殖。选择比较成熟的肉质茎，用剪刀剪取大约5～6cm长的枝条，并将其插到砂床中，浇水后用薄膜覆盖，室温处于15～20℃时，插后15～18天即可生根，30天可以上盆种植。常用10cm的花盆。

（2）叶插繁殖

倘若长寿花的种苗十分有限，不妨选用叶片扦插的方式。具体操作是将健壮充实的

叶片从叶柄处用剪子整齐剪下，等到其切口稍干燥后斜插或平放在砂床上，维持一定的湿度，经过10～15天后，就会从叶片基部生根发芽。

三十七、月兔耳栽培与养护

别名 褐斑伽蓝菜

1. 形态特征

月兔耳（图5-37）为多年生肉质草本植物。月兔耳植株多为中型，茎直立生长，多分枝，茎干密生银白色绒毛；叶片对生，肉质，长梭形，长2～8cm，像兔子的耳朵，叶缘上部有锯齿；月兔耳叶灰白色，密被银白色绒毛，老叶片有些微黄褐色，阳光充足时叶尖会出现褐色斑点；聚伞花序，圆锥状，花序较高，白粉色，较小，4瓣；花期为初夏，花期较长。

2. 生长习性

月兔耳多在光线充足、温暖的环境下生长。到了阳光强烈的夏天，需要对其进行适当遮阴处理，切不可将其完全荫蔽。冬季生长温度最好保持在10℃以上，植株才能正常生长。月兔耳有在凉爽季节生长，而在高温季节休眠的生长习性。

3. 栽培养护

月兔耳在夏季温度超过35℃时应减少浇水，适当遮阴，避免烈日暴晒。冬季在干燥的环境下能耐-2℃的低温。春秋季节为其生长季节，可放置于阳光充足的地方，生长期需保持土壤微湿，避免积水。

4. 繁殖方法

月兔耳适合采用枝插和叶插的方法进行繁殖。

（1）枝插繁殖

在月兔耳生长旺盛期将其侧枝用刀切取下来，晾晒1～2小时后，再将其直接扦插入到培养土中，几天后即可生根。

（2）叶插繁殖

最好在其生长旺盛期剪取生长充实的月兔耳叶片，可以将月兔耳叶片分割成2～3段，之后将分割好的叶片平铺在土壤上或泥炭土上，用手稍微将叶片略向下按压，放置在半阴处进行养护，20天后可生出根系，之后在生根部位长出不定芽，等到其长出4～5片叶子时可上盆定植。

图5-37　月兔耳

三十八、黑兔耳栽培与养护

别名 巧克力兔耳

1. 形态特征

黑兔耳（图5-38）为多年生肉质草本植物，属于月兔耳的栽培品种。黑兔耳株高80cm，株幅20cm，属于中型植株；茎直立生长；叶片是肉质且对生的长梭形，因叶片密被银白色的绒毛，与兔子的耳朵极为相似；叶片的颜色是灰白色，叶缘深褐色，如同巧克力一样的色泽；聚伞花序，花小，粉白色，管状，4瓣；花期为初夏，花期较长。

2. 生长习性

黑兔耳多在温暖干燥、阳光充足的环境下生长，耐旱，不耐水湿，全年都需要有足够的日照才能维持较好的株形。

3. 栽培养护

黑兔耳在冬季需要加强通风，合理控水，尽量全日照。由于初春气候千变万化，还可能出现"倒春寒"现象，很容易冻伤植株。因此，当春天来临时，不要急于将黑兔耳植株搬到室外进行露天养护。即便等到气温稳定后，露养的植株在开始的那段时间进行晒太阳的时候也要循序渐进，千万不可突然将其放到强光照下，否则叶片很容易会被灼伤。在春、夏、秋三季，黑兔耳应该多浇水，到了寒冷的冬季，为了保持盆土干燥，尤其是在5℃以下，还要对植株进行保温措施，此时就要少浇水。

图5-38 黑兔耳

4. 繁殖方法

黑兔耳进行叶插繁殖出芽率很高，而且掰断的叶片也可以叶插成功，通常1片叶子可以分成3段来叶插，但出芽或出根非常慢。

三十九、千兔耳栽培与养护

别名 无

1. 形态特征

千兔耳（图5-39）为多年生肉质草本植物。黑兔耳植株为中小型，可达30cm左右。叶片肉质，对生，卵形，先端渐尖，叶缘为明显的锯齿状；叶片表面被有白色细短茸毛，阳光充足时，呈白色，阳光不足时，慢慢变绿色，且容易徒长、弯塌；聚伞花序，花序较高，白色，较小；花期为初夏，花期较长。

图5-39　千兔耳

2. 生长习性

千兔耳喜光，日照要充足，最低生长温度为2℃，适合多浇水。千兔耳全年都处于迅速生长中，能够忍受轻微霜害和高温天气，到了寒冬腊月会自动进入休眠期。

3. 栽培养护

千兔耳宜选用肥沃、排水性佳的砂土培植，夏季可以常浇水，轻微遮蔽；每月施稀薄液肥1次。

4. 繁殖方法

千兔耳主要采用叶插和枝插的方法进行繁殖，都比较容易成功。

四十、胧月栽培与养护

别名｜石莲花

1. 形态特征

胧月（图5-40）为多年生肉质草本植物。胧月植株为中小型，呈丛生状，基部多分枝；茎细长，匍匐生长；叶片广卵形，无柄，肉质肥厚，簇生于枝头，呈莲座状排列；叶片先端有叶尖，叶缘圆弧状，叶心有凹痕，表面光滑；叶色为灰绿色或灰蓝色，被有浓厚的白粉，阳光充足时叶片呈淡紫色或淡粉红色；簇状花序，花五星形，5瓣，黄白色，花朵向上开放；花期为初夏。

2. 生长习性

胧月生性强健，很难感染病虫害，比较耐旱和瘠薄的环境，怕寒。长期在荫蔽条件下生长的胧月极易导致徒长的不良现象，最适宜生长的温度为18～30℃，冬季生长温度最好保持在5℃以上。

3. 栽培养护

胧月的生长旺盛期在春夏两季，每个星期需要浇1～2次水，秋冬两季可根据栽培环境的温度掌握浇水量，15℃以上时可每15天左右浇1次水，10℃以下时应该尽可能地保持盆土干燥，甚至不浇水。

4. 繁殖方法

图5-40 胧月

胧月极易繁殖，叶片掉落即生新植株，容易自行分株。生长季节可结合整枝修剪进行枝插，也可叶插。叶插时所用的培养土不要太湿，否则叶片易腐烂。

四十一、扇雀栽培与养护

别名 姬宫、雀扇

1. 形态特征

扇雀（图5-41）为多年生肉质植物。扇雀植株多为小型，基部多分枝，茎短，直立生长；叶片交互对生，肉质，呈三角状扇形，叶缘有不规则的波状齿；叶银灰色，表面有少许白粉，叶末有紫褐色的晕纹或斑点，像雀鸟的尾羽；圆锥花序，花筒状，黄绿色，中间红色；花期多在春季。

2. 生长习性

扇雀多在阳光充裕、温暖干燥的环境下生长。扇雀很不耐寒冷和水涝，比较耐旱和半阴。需要注意的是，强光照和全荫蔽环境对扇雀的生长都有不利影响。

3. 栽培养护

扇雀在春、秋、冬三季最好都给予其充足的太阳光照射，而到了炎热的夏季，则要对植株进行适当遮光处理，还要加强通风，以防晒伤植株；冬天最好将其放在阳台上进行光合作用，并且注意生长温度要在12℃以上。春天和秋天是扇雀的生长旺盛期，此时要保持盆土湿润且不积水。每年要换1次盆，且要求培养土保持疏松肥沃和具有良好的排水性，最好选择烧制土壤。每个月还要对扇雀施加1次腐熟的稀薄液肥或无机复合肥。

图5-41 扇雀

4. 繁殖方法

扇雀主要采用扦插、分株的方法进行繁殖。

四十二、玉吊钟栽培与养护

别名 洋吊钟、蝴蝶之舞

1. 形态特征

玉吊钟（图5-42）为多年生肉质草本植物。玉吊钟株高约20～30cm，多分枝，且较密集。叶片肉质，交互对生，扁平，卵形或椭圆形，长4cm左右，宽3cm左右，叶缘有钝齿；新叶直立，老叶容易下塌；叶片颜色丰富，蓝绿或灰绿色，叶缘有不规则的乳白、粉红、黄色斑纹；松散的聚伞花序，较小，红色或橙红色；花期多在冬季至初春。

图5-42 玉吊钟

2. 生长习性

玉吊钟多在阳光充足的环境下生长，不喜荫蔽，如果玉吊钟长时间得不到充足的光照时，植株会变得又细弱无力，非常影响其观赏性。玉吊钟最适宜的温度为14～26℃，可忍受3℃低温，越冬温度不低于10℃有利于植株的正常生长。

3. 栽培养护

玉吊钟在砂质土壤易成活，四季浇水都可以见干见湿，避免盆土积水即可。夏季日照强烈时适当遮阴。我国华南地区一般可在室外安全越冬。

4. 繁殖方法

玉吊钟以茎插法繁殖为主，多在每年3～5月进行，可剪取8～10cm先端枝条扦插，插穗2～3周即可生根成活；也可采用叶插法进行育苗，容易生根发芽。

四十三、唐印栽培与养护

别名 牛舌洋吊钟

1. 形态特征

唐印（图5-43）为多年生肉质草本植物。唐印植株多为中型，株高40～60cm，宽15～20cm，茎粗且短，灰白色，多分枝；叶片交互对生，肉质，卵形，宽大扁平，全缘，先端圆钝，长15cm，宽7cm，排列紧密；叶片淡绿色或灰绿色，表面白粉较厚，光照充足时叶缘呈红色；花茎顶生，圆锥花序，花筒形，长1～2cm，黄色；花期多在春季。

2. 生长习性

唐印耐半阴，稍耐寒，宜用排水、透气性良好的砂壤土。

3. 栽培养护

唐印在寒冷的冬季一定要给予其充足的光照，使盆土保持适度干燥，能够忍耐3～5℃的低温环境。到了炎热的夏季，唐印处于休眠期或半休眠期，此时要放在通风良好的阴凉环境下养护，并且要少浇水，以防植株腐烂。唐印在春秋两季进入生长旺盛

图5-43　唐印

期，此时要进行充足的光照，并且要多浇水，让盆土保持湿润，每隔10天最好对植株施加1次腐熟的薄肥。需要注意的是，当给唐印施肥和浇水的时候，切忌溅到叶片上，避免冲洗掉叶面上的白粉，影响美观。每年都要在春季换1次盆。

4. 繁殖方法

唐印的繁殖多在生长季节进行。具体繁殖方法包括扦插、芽插、叶插以及用带叶片的茎段扦插。其中，在进行扦插繁殖前，最好将唐印插穗晾1～2天，插后注意不要被雨水淋到，保持土壤稍微有些潮气即可，几天后就能生根。

四十四、江户紫栽培与养护

别名 斑点伽蓝菜

1. 形态特征

江户紫（图5-44）为多年生肉质草本植物。江户紫植株多为中小型，基部多分枝，茎直立生长；叶片交互对生，肉质，无柄，倒卵形或圆形，先端圆钝，叶缘有钝齿，呈不规则的波状；叶面为蓝灰色至灰白色，表面白粉较少，有紫褐色或红褐色的斑点或晕纹；花顶生，聚伞花序，白色，直立生长；花期多在春季。

2. 生长习性

江户紫多在光照充足和温暖干燥的环境下生长，比较不耐寒冷，较为耐旱和耐半阴。当有强光照时，需要对其进行适当遮阴处理。

3. 栽培养护

江户紫在春秋两季可以放心地晒太阳，光照越充足斑点越明显；缺光

图5-44　江户紫

会造成茎叶徒长，株形松散，叶色暗淡。浇水见干见湿，保证土壤排水性良好，浇水后能迅速干燥。夏季高温时生长缓慢，应加强通风、控水，以免土壤湿度过大，从而引起基部茎秆腐烂。夏季日照强度高的地区或植株比较弱小应注意遮阴。冬季低温会休眠，放在室内阳光充足处养护，能够使叶片保持紫红色。

4. 繁殖方法

江户紫常用的繁殖方法是枝插、分株，可以剪取健壮成熟的顶端枝条，待切口晾干后插入湿润的土壤中，大概2周后生根。大量繁殖可以选择饱满的叶片叶插。

四十五、若绿栽培与养护

| 别名 | 无 |

1. 形态特征

若绿（图5-45）为多年生肉质植物，是青锁龙的变种。若绿株高30cm左右，肉质茎较细，多分枝，直立向上生长；叶片肉质，很小，鳞片状，在茎和分枝上排列成4棱；叶绿色，光照充足时顶部的叶片才会变红；花着生于叶腋部，很小，筒状，淡黄绿色；花期多在春季。

图5-45 若绿

2. 生长习性

若绿适合在光照充足、凉爽干燥以及通风良好的环境下生长；比较耐半阴，忌水涝与闷热潮湿。当天气转凉时，植株会正常生长，当遇到高温天气时，植株会自动进入休眠状态。若绿有冷凉季节生长，夏季高温休眠的习性。若绿最适合在15～30℃的温度下生长。

3. 栽培养护

若绿宜选用泥炭、粗砂的混合土，生长期浇水遵循"干透浇透"的原则，平时少浇水。夏季高温时要适当减少浇水。冬季保持5℃以上的温度。生长期每2月施肥1次。

4. 繁殖方法

若绿主要采用扦插的方法进行繁殖。具体操作是从若绿植株上剪下一段枝条，等到其伤口晾干后，再将其插入培养土中即可生根。扦插繁殖可全年进行，在春秋季节生根快，成活率也更高。

四十六、神刀栽培与养护

别名 尖刀

1. 形态特征

神刀（图5-46）为多年生肉质草本植物。神刀为大型植株，株高可达1m；叶片单叶互生，无叶柄，肉质肥厚，上下叠加，对称生长，上层叶片比下层大，叶片越往上越大；叶片呈尖刀或匕首状，灰绿色至蓝绿色；聚伞花序，伞房状，小花，极多，簇生，大红色或橘红色；花期为夏末，花期较长。

2. 生长习性

神刀适应性强，特别耐干旱，喜温暖，不耐寒，生长适温为18～28℃。

图5-46 神刀

3. 栽培养护

神刀在夏季温度高于25℃时要适当遮阴，并加强通风。冬季生长温度维持在5℃左右时可安全越冬。生长期只需保持培养土湿润即可，过湿会引起烂根，冬季休眠期不浇水。

4. 繁殖方法

神刀可以采用扦插和播种的方法进行繁殖。

（1）扦插繁殖

对神刀进行扦插繁殖的时候，最好选择植株上较为充实、挺拔的叶片，经过晾干后再插入砂床中，经过15～20天即可生根。也可将神刀的叶片用刀切成5～6cm长的块状，等到切口晾干后，再将其平放在潮润的砂面上，经过20～30天即可生根，并很快长出新枝。

（2）播种繁殖

对神刀进行播种繁殖最好在4～5月间进行，播种后经过10～15天即可发芽，幼苗期生长迅速。

四十七、筒叶花月栽培与养护

别名 马蹄红、玉树卷

1. 形态特征

筒叶花月（图5-47）为多年生肉质草本植物，是花月的栽培品种。筒叶花月植株多为中小型，灌木状，多分枝；茎圆筒形，较粗壮，表皮灰褐色；叶片互生，肉质，簇生

于枝头，圆筒状，稍扁，长4～5cm，宽0.5～1cm，顶端无尖，为斜切的截面；叶色为嫩绿色，光照不足时叶色变浅，顶端带些许黄色，有蜡质层，冬季顶端边缘呈红色；花淡粉白色，星状；花期多在秋季。

图5-47　筒叶花月

2.生长习性

筒叶花月多生长在温暖干燥、基质为疏松透气的轻质酸性土以及有充足光照的环境下，比较耐旱和半阴，不耐寒冷。

3.栽培养护

筒叶花月适合用轻质酸性土栽培，浇水时选用弱酸性水，放置在阳光充足的环境下。筒叶花月在半阴处虽能生长，但叶片会变得细长，松散。

4.繁殖方法

筒叶花月可用成熟的叶片或健壮的肉质茎进行扦插繁殖。

四十八、星乙女栽培与养护

别名 钱串景天、串钱景天、舞乙女

1.形态特征

星乙女（图5-48）为多年生肉质草本植物。星乙女植株多为中小型，株高15～20cm，多分枝；叶片交互对生，肉质，卵圆状三角形，长1～2cm，宽0.5～1cm；叶片基部相连，无叶柄，新叶上下叠生，老叶上下有间隙；叶色为浅绿色至灰绿色，光照充足时叶缘稍有红色；花白色，筒状；花期为4～5月。

2.生长习性

星乙女适合在光线充足以及凉爽干燥的环境下生长；比较耐旱和半阴，忌水涝和闷热潮湿。星乙女在冷凉的季节快速生长，到了高温天气则会进入休眠期。

3.栽培养护

星乙女在其生长旺盛期应当保持土壤湿润，避免引起水涝。为了促使植株快速生长，需要每半个月左右对植株施1次腐熟的稀薄液肥。冬季应将植株挪到光线充足的阳台上，倘若温度一直维持在10℃以上，就能继续浇水，应施加少量肥，以便使植株可以继续生长；倘若温度过低，就要少浇水，促使植株进入休眠期，这样一来，星乙女植株即可忍耐5℃左右的低温。到了盛夏季节，星乙女植株会进入休眠期，可将其移到通风良好的场所进行养护，并对其进行适当的遮光处理。在此期间要少浇水，不施肥。

4.繁殖方法

星乙女适合选择用茎插、叶插以及扦插的方法进行繁殖。

图5-48　星乙女

（1）茎插繁殖

剪取星乙女生长健壮的带叶茎段，剪取的长度可长可短，至少要有2对叶子，在晾2天后，待伤口干燥后可插入腐叶土中掺杂砂土或蛭石的基质中，盆土还要保持一些潮气，有利于生根。

（2）叶插繁殖

用剪刀剪取星乙女健壮、成熟的肉质叶，晾1～2天后，将其平放在砂土或蛭石上，注意让叶片的基部和扦插介质必须紧密结合，培养土要有一些潮气，20天左右后星乙女的基部就会长出新根。

（3）扦插繁殖

具体做法是把星乙女植株从中间斩断，晾干伤口后直接插到潮湿的土壤中，一个星期后浇少量水，几天后即可生根。

四十九、茜之塔栽培与养护

别名　千层塔、绿塔

1. 形态特征

茜之塔（图5-49）为多年生肉质草本植物。茜之塔植株多为小型，株高8～10cm，多分枝，呈丛生状；叶片对生，肉质，无柄，长三角形，上下叠加，排列紧密，共4列，基部叶片最大，越往上叶片越小，整体形似塔状；叶色为深绿色，阳光充足时呈红褐色或紫褐色，叶缘有白色的角质层；聚伞花序，花小，白色；花期多在秋季。

图5-49 茜之塔

2.生长习性

茜之塔多在温暖干燥且光照充足的环境中生长，不耐寒冷，忌水涝；忌高温闷热与过于荫蔽的环境，比较耐旱和耐半阴。

3.栽培养护

春天、初夏和秋天是茜之塔的生长期，应给予充足光照，保持培养土湿润，但不积水。夏季高温时植株进入休眠或半休眠状态，此时应放置在通风凉爽、光线明亮又无阳光直射处养护，不宜过多浇水，以防烂根。冬季放在室内阳光充足处，保持培养土干燥，温度高于10℃时可适量浇水。

4.繁殖方法

茜之塔适合采用分株和扦插以及播种的方法进行繁殖。

（1）分株繁殖

茜之塔最好结合春季换盆时进行分株繁殖，具体操作是将生长密集的茜之塔植株分为每3～4支为一丛，最后直接上盆栽种即可。

（2）扦插繁殖

可在茜之塔的生长旺盛期剪取其健壮、充实的顶端枝条，再将其插入到砂土中，每段插穗至少要有4对叶片，长3～5cm，在18～24℃的温度下，保持稍有潮气，2～3个星期后即可生根。

（3）播种繁殖

可以采收茜之塔的种子，在4～5月间进行播种繁殖，在20℃左右的条件下，播后2个星期内种子就能发芽。

五十、赤鬼城栽培与养护

别名 无

1.形态特征

赤鬼城（图5-50）为多年生肉质亚灌木植物。赤鬼城植株多为中小型，低矮；叶片对生，肉质，呈狭窄的长三角形，基部相连，上下叠生，排列紧密，叶片自基部越往上越小，整体呈"十"字形；新叶绿色，老叶褐色或暗褐色，在阳光充足且温差大的季节，植株整体呈紫红色，光照不足时植株易徒生变长；簇状花序，花小，白色。

2. 生长习性

赤鬼城多在温暖干燥以及光线充足的环境下生长，比较耐旱和耐低温，能够在-4℃的室内低温环境下生长。

3. 栽培养护

赤鬼城最好采用肥沃且有良好排水透气的培养土中种植，夏天最好不要长期处于强光照下，应对其进行适当遮光处理，在此期间要少浇水。

4. 繁殖方法

赤鬼城适合在早春季节进行扦插繁殖，具体操作是对赤鬼城进行枝插处理，剩下的茎上会长出许多蘖芽；也可用叶插繁殖，具体操作是剪取健壮的叶

图5-50 赤鬼城

片，扦插在微湿的培养土里，放置在阴凉通风处，几天后即可生根并长出新的叶片。

五十一、星王子栽培与养护

别名 无

1. 形态特征

星王子（图5-51）为多年生肉质草本植物，形似星乙女，但叶片较大。星王子植株多为中小型，多分枝，呈丛生状，茎干多直立向上生长；叶片交互对生，肉质，基部相连，无柄，上下排列密集，其成4列，新叶上下叠生，老叶上下有间隔；叶片为卵状长三角形，基部的叶片最大，越往止叶片越小，顶端的叶片最小；叶色浅绿色至灰绿色，阳光充足时叶缘呈红褐色；花米黄色，筒状；花期为5～6月。

图5-51 星王子

2. 生长习性

星王子多在光照充裕、温暖干燥以及通风良好的环境下生长，忌水涝和高温闷热天气，怕荫蔽，比较耐旱和半阴。冬季是其生长旺盛期。

3. 栽培养护

星王子在栽培过程中，需要保持盆土湿润切不可积水，每15天左右就要施1次腐熟的稀薄液肥或低氮、高磷、钾的复合肥。到了盛夏季节，植

株会处于休眠或半休眠状态，适合将其移到通风良好且光线明亮以及凉爽干燥的场所进行养护。为了防止其烂根，不可多浇水。到了寒冬季节，只要温度不低于10℃，且能够生长在充足的阳光照射下，植株就能够正常生长，此时可少浇些水。如果温度达到5℃以下，只要盆土保持干燥，星王子处于休眠期依然能够成活。到了春天，需要对其进行换盆，培养土要求疏松肥沃，并具备良好的排水性。

4. 繁殖方法

星王子可以采用分株、扦插以及播种的方法进行繁殖。

（1）分株繁殖

星王子最好在春季结合换盆进行分株繁殖。具体操作是将生长密集的星王子植株分开，要求是每3～4支分为一丛，之后直接上盆栽种即可。

（2）扦插繁殖

可在星王子生长旺盛期剪取健壮充实的顶端枝条，并将其栽种在砂土中，每段插穗至少应该有不少于4对的叶片，插穗长3～5cm，温度在18～24℃的条件下，保持一点潮气，2～3个星期后即可生根。

（3）播种繁殖

可以在4～5月进行播种繁殖。即温度在20℃左右的条件下，将采收的星王子种子播种在土壤中，两个星期左右即可发芽。

五十二、燕子掌栽培与养护

别名 豆瓣掌、玉树、景天树

1. 形态特征

燕子掌（图5-52）为多年生肉质灌木植物。燕子掌植株呈灌木状，多分枝；茎肉质，圆柱状，灰绿色，老后木质化；叶片对生，肉质，密生于枝头，椭圆形或长卵形，扁平，全缘，叶先端稍尖；叶色绿色至红绿色，有光泽，出状态后叶缘呈红色；伞房花序，簇生，花浅粉色或白色，5瓣；花期多在夏秋季，不易开花。

2. 生长习性

燕子掌多生长在温暖干燥和阳光充足的环境中，由于其在强光照下会影响生长，所以需要进行遮阴处理；不耐寒，培养土应选择用土壤肥沃、排水良好的砂壤土。冬季生长温度在7℃以上可正常生长。

图5-52 燕子掌

3. 栽培养护

燕子掌在春、夏、秋三季最好1～2天浇1次水，忌水涝。如果夏季温度超过30℃时，植株就会处于休眠或半休眠状态，此时要少浇水。与此同时，还要注意遮阴与降温处理工作，最好将之放置在通风良好的场所，每天向燕子掌盆栽四周喷2～3次水雾。进入冬季，应适当减少浇水次数，保持盆土稍干燥。一般不施肥，1～2年换盆一次，土壤需疏松肥沃、排水性良好。

4. 繁殖方法

燕子掌多选择用扦插的方法进行繁殖。全年皆可进行，春秋两季进行扦插繁殖的植株不仅生根快，而且成活率也高。通常情况下，需要从长势良好、侧枝繁多的植株上选取带叶的侧枝，插条长8～12cm，放到阴凉通风处晾干1～2天，让切口变得稍干燥后，再插入繁殖砂床中。也可摘取燕子掌的主茎叶片，等到切口稍微晾干后，再将其插入砂床中，保持温度为20～25℃以及合适的空气湿度，大概15天后就能生根。

五十三、绒针栽培与养护

别名 银箭

1. 形态特征

绒针（图5-53）为多年生肉质植物。绒针植株低矮丛生，茎直立向上生长；叶片肉质，基部较细，先端渐尖，稍向内弯，密生于茎，新叶长圆形，老叶微凹陷；叶通常为绿色，日照时间增加及温差增大后会慢慢变色，密被白色细短茸毛；新叶为绿色，老叶慢慢变黄绿色；不易开花。

2. 生长习性

绒针多在温暖、干燥和光照充足的环境中生长，耐干旱和半阴，怕积水，忌强光，生长适温为15～25℃。绒针对土壤的适应性比较强，纯粗砂、纯泥炭土或者颗粒土和泥炭土混合的土壤都可以。

3. 栽培养护

绒针在春、夏、秋三季浇水可选择上午时段，浇透水过1周左右，土壤比较干燥时就可以再次浇水。夏季高温休眠和冬季处于半休眠状态时，盆土需要保持干燥。夏季应避免阳光直晒，适当遮阴，日照强烈叶片会出现褐色斑点，浇水量应减少，土壤不宜长期湿润，否则容易烂根。生长期每2月施肥1次。

图5-53 绒针

4. 繁殖方法

绒针主要是扦插繁殖。具体操作是在春秋两季，剪取长10～15cm的绒针枝条，插入微湿的土壤中，2～3周可生根。

五十四、火祭栽培与养护

别名 | 秋火莲

1. 形态特征

火祭（图5-54）为多年生肉质草本植物。火祭植株多为小型，茎匍匐或直立丛生；叶片交互对生，肉质，卵圆形或长三角形，较宽，扁平，先端渐尖，排列紧密，整体呈四棱柱状；叶通常为绿色，光照充足时叶片呈浅绿色至深红色；聚伞花序，花小，星状，黄白色；花期多在秋季。

2. 生长习性

火祭喜凉爽、干燥和阳光充足的环境，耐干旱，怕水涝，具一定的耐寒性。

图5-54 火祭

3. 栽培养护

火祭在夏季高温时休眠，切记控制湿度，否则极易腐烂。冬季放在阳光充足的室内，保持盆土干燥，5℃以上可安全越冬。每1～2年春季换盆1次，盆土宜用排水透气性良好的砂质土壤。当植株长得过高时要及时修剪，以控制植株高度，促使基部萌发新的枝叶，维持株形的优美。

4. 繁殖方法

火祭主要选择用扦插的方法进行繁殖。具体操作是在春秋季剪取火祭的嫩枝，阴干2～3天，然后浅埋土中即可。10天后浇1次透水，约20天生根。

五十五、翠绿石栽培与养护

别名 | 太平乐

1. 形态特征

翠绿石（图5-55）为多年生肉质植物。翠绿石植株多为小型，株高8～10cm，群生，呈丛生状；叶片纺锤形，肉质肥厚，两端渐尖，呈放射状生长；叶绿色，有蜡质，表面布满小疣突；阳光暴晒后新叶变为紫红色，再逐渐转为深绿色或青绿色；花绿色，钟

形；花期多在夏季。

2. 生长习性

翠绿石多在光线充足和温暖干燥的环境下生长，耐半阴，不耐寒冷，忌水涝与高温气候。

3. 栽培养护

翠绿石在炎热的夏天和寒冷的冬天都会进入休眠期，此时植株生长极其缓慢或者生长停滞。在此期间，要少浇水或不浇水。春秋两季是翠绿石的主要生长期，适合在有良好排水性以及疏松肥沃的土壤中生长。

4. 繁殖方法

翠绿石主要采用枝插或叶插的方法进行繁殖。

图5-55　翠绿石

五十六、库珀天锦章栽培与养护

别名 锦铃殿

1. 形态特征

库珀天锦章（图5-56）为多年生肉质植物。库珀天锦章植株多为小型，低矮，茎短，灰褐色；叶片肉质肥厚，接近圆柱形或卵圆形，基部较厚，上部稍扁平，叶长3～5cm；叶色灰绿色，表面有不规则的紫色斑点，顶端叶缘呈波状；聚伞花序，花上部绿色，下部紫色，圆筒形；花期多在夏季。

2. 生长习性

库珀天锦章到了高温季节，生长会进入停滞期，要保持通风良好，且避免强光照，以免植株被灼伤；此外，还要少浇水。到了冬天，只要温度不低于7℃就能正常生长。

3. 栽培养护

库珀天锦章的生长旺盛期为凉爽的秋季，浇水应遵循"干透浇透"的原则，不可多浇水，以防烂根现象的发生。每隔20天施加1次低氮高磷钾的复合肥或腐熟的稀薄液肥。倘若发现叶面上有尘土，可用和室温差不多

图5-56　库珀天锦章

的水喷洒冲洗。每1～2年需要换1次盆，盆土可选择1份掺上少许蛭石的腐叶土、1份粗砂或珍珠岩和1份草木灰以及少许腐熟的骨粉做培养基。

4. 繁殖方法

库珀天锦章适合采用叶插繁殖。

五十七、御所锦栽培与养护

别名 │ 褐斑天锦章

1. 形态特征

御所锦（图5-57）为多年生肉质植物。御所锦植株多为小型，矮小，株幅8～10cm；叶片互生，肉质肥厚，倒卵形或圆形，长5cm，宽3cm，叶背拱起，叶正面较平，叶缘较薄，带有白边；叶色灰绿色，表面有不规则的紫褐色斑点，阳光充足时整个叶缘呈紫红色；聚伞花序，白色，筒状；花期多在夏季。

图5-57　御所锦

2. 生长习性

御所锦多在光线充足以及干燥凉爽的环境下生长。目前为止，没有发现植株有明显的休眠期，最适合的生长温度为15～25℃，冬季至少在7℃以上才能生长。

3. 栽培养护

御所锦一般种植在由1份腐叶土、1份蛭石和1份粗砂或珍珠岩以及少量草木灰和骨粉配制而成的培养土中。在植株的生长旺盛期，需要遵循"干透浇透"的浇水原则。一般情况下，应该每隔20天施1次肥。

4. 繁殖方法

御所锦可用叶插繁殖，除了盛夏高温时期，只要气候温度在10℃以上都可进行叶插繁殖。具体操作是选取健壮、充实的御所锦叶片，晾1～2天后，将其平铺在培养基上，几天后即可生根、发芽，但是不宜过早移栽。

Chapter *6*

第六章　番杏科多肉花卉栽培与养护

一、帝玉栽培与养护

别名｜多毛石莲花

1.形态特征

帝玉（图6-1）为多年生肉质植物。帝玉植株无茎；叶片肉质肥厚，卵形，交互对生，基部联合呈元宝状，中间有深缝；叶面灰绿色，生有许多深褐色的小斑点；叶表面较平，外缘钝圆，背面凸起；新叶长出，老叶枯萎；花径约7cm，橙黄色，有短梗，花心颜色稍浅；花期多在春季。

2.生长习性

帝玉不耐寒，耐半阴，较喜肥，耐干旱，生长适温为18～24℃。

3.栽培养护

帝玉在其生长期要多浇水，保持湿润的盆土；夏季高温时控制浇水，保持土壤稍干燥，强光时注意避光遮阴。生长期每20～30天施1次腐熟的稀薄液肥。

4.繁殖方法

帝玉常采用播种繁殖和扦插繁殖。

图6-1　帝玉

（1）播种繁殖

帝玉的种子可随采随播，因种子细小，播后浇水最好让水分慢慢洇湿土壤，温度保持在20～24℃，大约10天出苗。苗期应注意通风良好，以防小苗腐烂，幼苗生长很快，要及时分苗。

（2）扦插繁殖

扦插繁殖操作方法简单。养护3年以上的大株帝玉根部会分生出小苗，切下小苗，带上1段硬根，将切口晾晒干即可扦插。

二、红帝玉栽培与养护

别名 | 无

1. 形态特征

红帝玉（图6-2）为多年生肉质植物，是帝玉的栽培品种。红帝玉植株无茎，元宝状。叶片肉质，交互对生，基部联合，表皮泛红色，密被淡黑色小斑点；叶片外缘钝圆，叶表较平，叶背凸起；新叶长出，老叶枯萎；花单生，雏菊状，紫红色，花心颜色稍浅，花径6～7cm；花期多在春季。

2. 生长习性

红帝玉喜光，忌烈日暴晒，耐半阴，较喜肥，耐干旱，不耐寒，生长适温为18～24℃。

图6-2 红帝玉

3. 栽培养护

在红帝玉生长期时要保持盆土湿润，生长期每月施肥1次。夏季注意遮阴，春秋季节多浇水，盛夏减少浇水。每年换盆1次，宜在春季花后或秋季进行。建议盆土选用肥沃、疏松，排水透气优良的土壤，可将腐叶土、园土、粗砂或蛭石以2：1：3的比例混合，最好加入适量的骨粉增加营养。新栽的植株不需要浇水，3天后可向土层表面喷水，1周后浇1次水即可。

4. 繁殖方法

红帝玉适合采用播种繁殖。

三、生石花栽培与养护

别名 | 石头玉、屁股花

1. 形态特征

生石花（图6-3）为多年生小型多肉植物，品种较多，每一个品种都独具特色。生石花的茎很短，甚至用肉眼很难看见；变态叶肉质十分肥厚，两片对生联结类似倒圆锥体的形状；秋天，生石花从对生叶的中间缝隙中开出黄、白、粉等多彩花朵，多在下午开放，临近傍晚花朵闭合，第二天的午后再次开放，单朵花能绽放3～7天；开花时，生石花的花朵几乎覆盖住了整个植株，极为娇美，有一些生石花品种在达到年限后会分头群生；花谢后结果，可以收获极为细小的种子。生石花的形状很像彩色的石头，色彩明艳，娇小玲珑，有"有生命的石头"之美誉。

2. 生长习性

生石花多在高温、光照充足以及通风良好的环境下生长，怕水涝。

图6-3　生石花

3. 栽培养护

在生石花苗期，切忌过度潮湿。夏季高温的时候，植株会进入休眠或半休眠期，应进行适当遮阴并减少浇水。冬季最低生长温度不能低于8℃。

4. 繁殖方法

生石花多用播种繁殖，宜春播，播后10～20天可出苗。

四、紫勋栽培与养护

别名 | 无

1. 形态特征

紫勋（图6-4）为多年生肉质植物。紫勋属于小型植株，群生；变态叶肉质肥厚，对生，两片联结类似于倒圆锥体，高5cm，宽3cm，两叶之间有比较深的中缝，顶端平或稍圆凸；根据品种不同，叶顶端表面有咖啡色中带红褐色和淡绿色中带深绿色以及灰黄色斑点；花朵为金黄色、白色，直径能达到3cm；花期多在秋季。

2. 生长习性

紫勋多在光照充足、温暖干燥的环境下生长，比较耐旱，怕荫蔽与水涝。植株适合种植在具有良好排水性和疏松透气的土壤中。

3. 栽培养护

春秋两季是紫勋的生长旺盛期，浇水需要遵循"见干见湿"的原则，每

图6-4　紫勋

个月要施加1次腐熟的稀薄液肥。到了盛夏季节，植株会进入休眠期，此时要少浇水和避免雨淋，还要将其放置在通风良好的环境下养护；冬季也要少浇水，生长温度保持在5℃左右就能安全越冬。

4. 繁殖方法

紫勋多采用播种繁殖和分株繁殖。

五、宝绿栽培与养护

别名 佛手掌、舌叶花

1. 形态特征

宝绿（图6-5）为多年生肉质植物。宝绿的株型像佛手；肉质叶片舌状，紧贴短茎轮生，稍弯曲，对生2列，长约7cm，宽2～3cm，鲜绿色，有光泽，叶端稍微向外翻转；花从叶丛中抽出，有短梗，金黄色；花期多在秋季和冬季。

2. 生长习性

宝绿多在阳光充足和温暖干燥的环境下生长，比较耐旱，怕高温，最适宜的生长温度为18～22℃。

图6-5　宝绿

3. 栽培养护

宝绿在生长旺盛期时要少浇水，每隔2～3个星期施加1次稀薄有机液肥。冬天更要少浇水，盆土保持湿润，疏松透气。

4. 繁殖方法

宝绿多采用分株或播种的方法进行繁殖。一般情况下，分株多在春季结合换盆进行，具体操作是将老株丛切割为许多丛，另外进行上盆栽植即可。

六、少将栽培与养护

别名 无

1. 形态特征

少将（图6-6）属于矮小肉质草本植物。少将老株常密集丛生，株高约5cm；叶肥厚，近马鞍形，表皮绿色至灰绿色，中缝深，先端平顿，常具浅红色线纹；花单生，着生于中缝处，雏菊状，直径约3cm，黄色；花期多在夏末秋初，开花后老叶逐渐萎缩成叶鞘，从叶鞘中再长出新叶和花；少将本种肉质，花大而美，为肉锥花属的代表种之一，

图6-6　少将

对光照要求不是很高，适宜家庭养植。

2. 生长习性

少将喜温暖、低湿、光照柔和而充足、通风和凉爽的环境，耐半阴，不耐寒，怕积水，怕夏季高温潮湿。本种为冬型种，夏季休眠，生长适温为18～24℃。

3. 栽培养护

春季和秋季为少将的生长期，正常浇水。生长期每月施肥1次，冬季停止施肥。盛夏少将进入休眠期，最好不浇水，保持通风阴凉且光照不能太强，盆土宜疏松和排水良好。越冬温度至少在10℃以上，保持盆土稍干燥。

4. 繁殖方法

少将适合进行播种繁殖和分株繁殖。

七、五十铃玉栽培与养护

别名　橙黄棒叶花

1. 形态特征

五十铃玉（图6-7）为多年生肉质植物。五十铃玉植株多为小型，密集成丛；株径10cm，叶肉质，棍棒状，垂直向上生长，叶长2～3cm，直径0.5～0.7cm，顶端粗下端较细，顶端扁平，有透明的"窗"，稍圆凸；叶色淡绿色，基部稍呈红色；花多为橙黄色，略带粉色。

2. 生长习性

五十铃玉多在光照充足的环境下生长，比较耐干旱。

3. 栽培养护

五十铃玉在生长期时，可以适当多浇水；夏天到来之际要少浇水，冬天的生长温度在10℃以下时最好不浇水。五十铃玉可以选择小一点的种植盆。

4. 繁殖方法

五十铃玉多采用播种繁殖或分株繁殖。

图6-7　五十铃玉

八、快刀乱麻栽培与养护

1. 形态特征

快刀乱麻（图6-8）为多年生肉质植物。快刀乱麻植株多为小型，呈灌木状，高20～30cm，茎多分枝，有短节；叶片肉质，对生，细长，侧面稍扁，集中在分枝顶端，长约2cm，先端裂成2瓣，外侧圆弧状，好似一把刀；叶色淡绿色至灰绿色；花径4cm左右，黄色；花期多在夏季。

图6-8 快刀乱麻

2. 生长习性

快刀乱麻多在光照充足和温暖干燥的环境下生长，比较耐旱和半阴，忌盆土积水。

3. 栽培养护

快刀乱麻到了夏季有短暂休眠，应适当遮阴，控制浇水，加强通风。冬季放在室内阳光充足处养护，保持盆土适度干燥，室温10℃左右即可安全越冬。

4. 繁殖方法

快刀乱麻多采用扦插繁殖。

九、龙须海棠栽培与养护

1. 形态特征

龙须海棠（图6-9）为多年生肉质草本植物。龙须海棠植株多分枝，平卧生长，基部稍显木质化；叶片肉质肥厚，长5～8cm，对生，呈三棱状线形，有龙骨状凸起；叶面绿色，被有白粉，光滑圆润，密布无数透明小点；花从叶腋生出，直径5～7cm，单生，花色有粉红色、紫红色、橙色、黄色等，多在天气晴朗的白天开放，花瓣有金属光泽；花期多在春末夏初。

2. 生长习性

龙须海棠多在温暖干燥和通风良好的环境下生长，生长最适宜温度为10℃左右，不耐高温。

3. 栽培养护

在龙须海棠生长期时，盆土切忌潮湿。除了炎热的夏季外，其他季节都要进行充足

图6-9 龙须海棠

的光合作用。如果龙须海棠得不到充足的光照，就会导致节间距离伸长，茎叶变得柔软，非常容易引起倒伏的不良现象。到了盛夏季节，龙须海棠会出现短暂的半休眠期，应该将其放置在凉爽通风的地方进行养护，并少浇水，不施肥。越冬温度至少在10℃以上，也不可对植株施肥，少浇水，只要叶片不发生皱缩即可。

4. 繁殖方法

龙须海棠多采用扦插繁殖。可以把3株扦插成活的龙须海棠幼苗栽到一个花盆里进行养护。

十、雷童栽培与养护

别名 刺叶露子花

1. 形态特征

雷童（图6-10）为多年生肉质草本植物。雷童植株多为小型，呈灌木状，高约30cm，分2枝，老枝灰褐色，新枝淡绿色，上有白色凸起；叶片肉质，轮生，长1～1.5cm，厚0.5～0.7cm，卵圆半球形，基部合生，暗绿色，表皮布满白色的肉质刺，半透明；花有短梗，单生，淡黄色或白色；花期多在夏季。

2. 生长习性

雷童的生长适温为15～25℃，冬季生长湿度不低于5℃，喜光照，耐半阴，较喜肥，耐干旱。

3. 栽培养护

在雷童生长期时，要适量浇水，保持土壤稍湿润；其他季节控制浇水，保持土壤稍干燥。生长期每隔3周施1次肥，冬季勿施肥。

4. 繁殖方法

雷童以叶插繁殖和枝插繁殖为主。

（1）叶插繁殖

将雷童的叶片摘下几片平放到潮润的土加砂混合的土壤里，之后放置

图6-10 雷童

在阴凉的环境下，数日后生根，再把根小心埋进土里即可。

（2）枝插繁殖

剪一段雷童顶部的枝，等伤口干后，把下段埋在土里等待长根。

十一、紫星光栽培与养护

别名　紫晃星

1. 形态特征

紫星光（图6-11）为多年生肉质植物。紫星光株高约15cm，群生，老株基部茎干木质化；叶小棒状，长1～2cm，绿色至灰绿色，顶端簇生白色刚毛；花顶生，雏菊状，花径约4cm，粉紫色，本种株姿、叶形均很奇特，花也艳美；花期多在夏季。

2. 生长习性

紫星光多在温暖、光照充足的环境下生长，耐干旱，耐半阴，不耐寒，怕水湿。

图6-11　紫星光

3. 栽培养护

紫星光在春季、秋季正常浇水，干透浇透，生长期每月施薄肥1次。夏季紫星光虽无明显的休眠期，但生长缓慢，需稍遮阴，保持通风和凉爽，减少浇水，否则会引起肉质叶脱落。盆土宜肥沃、疏松、排水良好、含有石灰质。越冬温度不低于7℃，保持盆土稍干燥。

4. 繁殖方法

紫星光多采用播种繁殖和扦插繁殖。

十二、鹿角海棠栽培与养护

别名　熏波菊

1. 形态特征

鹿角海棠（图6-12）为多年生肉质灌木植物。鹿角海棠植株多为小型，株高25～35cm，有分枝，分枝处有节间；老枝灰褐色，新枝嫩绿色；叶肉质，交互对生，整体为三棱状，棱面为半月形，长2～4cm，宽0.3～0.5cm，叶端尖，叶粉绿色，对生叶在基部合生；花有短梗，顶生，单生或数朵间生，花径3～5cm，花粉红色或白色；花期多在冬季。

2. 生长习性

鹿角海棠多在光照充足和温暖干燥的环境下生长，比较耐旱，不耐寒冷，多种植在疏松肥沃的砂质土壤中。

3. 栽培养护

春季是鹿角海棠的生长旺盛期，为了保持盆土不干燥，最好在植株四周多喷水，以增加空气湿度。到了炎热的夏天，鹿角海棠会进入短暂的半休眠状态，此时要将盆土放到半阴处进行养护，保持盆

图6-12　鹿角海棠

土不出现干涸现象即可。秋天到来之际，鹿角海棠又能继续生长，每半月施加1次肥。快到冬天时，鹿角海棠的茎叶进入生长旺盛期，并开始开花。当冬季室温维持在15～20℃时，鹿角海棠会持续开花很长时间。

4. 繁殖方法

鹿角海棠多采用播种和扦插的方法进行繁殖。

（1）播种繁殖

在4～5月时，将鹿角海棠的种子采用室内盆播的方法进行播种繁殖，种子播后大概10天就能发芽，幼苗根细且浅，此时要少浇水。1个月后进行移苗。

（2）扦插繁殖

对鹿角海棠进行扦插繁殖最好在春秋两季，具体操作是选取鹿角海棠充实的茎节，将其剪成8～10cm长的小段，并将其插到砂床中，15～20天后就能生根。根长2～3cm的时候就能移植到花盆里栽种。盆栽2～3年后，需要重新扦插更新。

十三、露草栽培与养护

别名 心叶冰花、露花

1. 形态特征

露草（图6-13）为多年生常绿肉质草本植物。露草茎斜卧而生，有分枝，长为30～60cm，稍带肉质，茎表面有小颗粒状凸起，无毛；分枝长约20cm，有棱角，形似葡萄藤；叶片肉质肥厚，对生，翠绿色；花开于枝条顶端，形似菊花，花瓣狭小有光泽，深玫瑰红色，中心淡黄色；花期为3～11月。

2. 生长习性

露草多在气候干燥、阳光充足以及通风良好的环境下生长，怕高温和水涝，多种植在排水性良好的砂质土壤中。

图6-13　露草

3. 栽培养护

露草对肥水要求很低。3～9月是露草的生长期，在此期间，需要给植株多浇水。9月过后，露草就会进入生长缓慢期，在此期间就要少浇水，提前为越冬做准备。

4. 繁殖方法

露草多采用扦插繁殖，最好在春秋季进行，极易成活。

Chapter *7*

第七章 仙人掌科多肉花卉栽培与养护

一、仙人掌栽培与养护

别名 | 观音掌、霸王、仙巴掌、火掌

1. 形态特征

仙人掌（图7-1）为多年生肉质植物。仙人掌植株呈灌木状，易丛生；叶片肉质肥厚，倒卵状椭圆形，叶缘为不规则的波状，先端圆形或微凹，四季常绿；生有稀疏的明显凸出的刺座，刺座有倒刺刚毛、钻形刺和短绵毛；花瓣状或萼状，黄色，中肋绿色；花期为6～10月。

2. 生长习性

仙人掌多在温暖、光照充足和干燥的环境下生长，生性较强健，耐干旱，怕水湿。

图7-1 仙人掌

3. 栽培养护

春季至秋初，每月需要给仙人掌浇水1次，施肥1次。早春和秋末减少浇水。盆土宜用肥沃、疏松和排水良好的砂壤土。越冬温度不低于5℃，冬季保持盆土干燥。

4. 繁殖方法

仙人掌主要采取茎节扦插繁殖。

二、黄毛掌栽培与养护

别名 | 金乌帽子

1. 形态特征

黄毛掌（图7-2）为多年生肉质植物。黄毛掌植株多为中型，株高可达1m；茎节直立且多分枝，灌木状，茎节呈椭圆形，黄绿色，新茎生于老茎顶端；刺座螺旋排列，密生金黄色的钩毛；花短漏斗形，淡黄色；浆果红色，圆形，果肉白色；花期多在夏季。

图7-2　黄毛掌

2. 生长习性

黄毛掌多在光照充足的环境下生长，比较耐寒，冬天的生长温度为5～8℃可安全越冬。黄毛掌种植在砂壤土中能生长较好。

3. 栽培养护

在黄毛掌生长期时，需进行充足的太阳光照，夏季可放置于室外养护，但需注意勿被大雨冲淋。在春季换盆或新栽植株，宜用喷雾方式保持培养土湿润，3～4天后逐步浇水。

4. 繁殖方法

黄毛掌常用扦插繁殖和播种繁殖。

（1）扦插繁殖

黄毛掌扦插应在4～5月的生长期进行，选取大小适中、充实的茎节作插穗。剪取插穗后，应晾置3～5天，待剪口干燥后再插入砂床，砂壤土以稍干燥为好，插后约20～25天生根。

（2）播种繁殖

黄毛掌播种应在春季进行，播后10天左右发芽，幼苗生长很慢，需谨慎管理。

三、白桃扇栽培与养护

别名　白毛掌

1. 形态特征

白桃扇（图7-3）为多年生肉质植物，是黄毛掌的变种。白桃扇植株多为中型，较黄毛掌小，株高0.5m左右；茎节直立且多分枝，灌木状，茎节呈广椭圆形或椭圆形，黄绿色，新茎生于老茎顶端；刺座螺旋排列，密生白色的钩毛；花鲜黄色，生于刺座，单生，花蕾红色，开花后变黄白色；梨形浆果，紫红色，无刺。

2. 生长习性

白桃扇喜温暖、光照充足和干燥的环境，生性较强健，耐干旱，怕水湿。

图7-3　白桃扇

3. 栽培养护

春季至秋初，每月需要给白桃扇浇水1次，施肥1次。早春和秋末减少浇水。盆土宜用肥沃、疏松和排水良好的砂壤土。越冬温度不低于5℃，冬季保持盆土干燥。

4. 繁殖方法

白桃扇主要用茎节扦插繁殖。

四、世界图栽培与养护

别名 短毛丸黄色变种

1. 形态特征

世界图（图7-4）为多年生肉质植物，是短毛丸的斑锦品种。世界图植株呈扁球形至球形，易侧生，颜色为深绿色，有大块不规则的黄色斑块，生10～12道棱，棱上有稀疏刺座，刺座上有短刺14～18枚；花漏斗状，侧生，白色；花期多在夏季。

图7-4 世界图

2. 生长习性

世界图喜阳光，但需注意避免强光灼伤，需放置于光照足且通风好的地方。

3. 栽培养护

春季至秋季，每月需要对世界图浇水4次，施肥1次。越冬温度在5℃以上，基本不需浇水，很干燥时可在周围喷些水。

4. 繁殖方法

世界图多采用分株繁殖或仔球扦插繁殖。

五、花盛球栽培与养护

别名 草球花、仙人球花

1. 形态特征

花盛球（图7-5）为多年生肉质植物。花盛球植株多为中小型，单生或群生，球形至圆筒形，暗绿色；球体有10～12道棱，棱上刺点单行整齐排列，密生细长白色软刺，球顶密生黄色细长刺；花侧生，喇叭状，花大，白色，有芳香；花期多在夏季。

2. 生长习性

花盛球多在光照充足、温暖干燥的环境下生长，较耐旱和耐寒，几乎在任何性质的

土壤中都能正常生长。

3. 栽培养护

花盛球盆栽的培养土最好是具有良好排水性和透气性的砂土。夏天要将其放置在室外光照充足的地方，越冬温度最好保持在 0～5℃。夏季高温时，要进行适当的遮阴处理，根据实际情况进行浇水，天气炎热时要少浇水。花盛球在寒冷的冬季最好保持盆土不干涸。早春进行换盆时，要剪去部分老根，晾上一段时间再栽植。

图7-5 花盛球

4. 繁殖方法

花盛球可摘取仔球直接扦插繁殖，也可采用切顶促生仔球后，摘取仔球进行嫁接或扦插繁殖。此外，花盛球还能进行播种繁殖，植株出苗容易，小苗生长也比较快。

六、鼠尾掌栽培与养护

别名 药用鼠尾草、撒尔维亚

1. 形态特征

鼠尾掌（图7-6）为多年生肉质植物。鼠尾掌植株茎圆筒状，匍匐生长，细长，直径2cm左右，下垂，常为扭状，有气生根；幼茎绿色，渐变灰色，有10～14道棱，刺座稀疏，短刺15～20枚，新刺红色，老刺黄褐色，无叶；花漏斗状，粉红色；结球形浆果，有刺毛，红色；花期为4～5月。

图7-6 鼠尾掌

2. 生长习性

鼠尾掌喜温暖和较大的昼夜温差，喜充足光照，喜排水、透气良好的肥沃土壤，忌雨涝。

3. 栽培养护

鼠尾掌在室外种植时，要置于光线充足而且避雨的地方。在室内种植时，夏季要注意通风，并保持一定的湿度，切忌长期干燥；冬季需相对干燥，控制浇水，不可使土壤过湿，以免烂根。

4. 繁殖方法

鼠尾掌多用扦插和嫁接繁殖，也可

播种繁殖。扦插时在生长季节取壮实的变态茎做插穗，切成8～10cm长，晾晒1～2天后扦插于培养土中。嫁接时间以5～9月为宜，取仙人掌没有完全木质化的分枝做砧木，将顶端削成圆锥形，将幼嫩的呈绿色的鼠尾掌基部插于砧木圆锥处，不用绑扎。

七、丽光殿栽培与养护

别名 无

1. 形态特征

丽光殿（图7-7）为多年生肉质植物。丽光殿植株起初单生，后发展为群生，单株高4～6cm，直径7～8cm；植株表面为绿色，较柔软，呈疣突圆筒形；植株四周有60～80枚白色的毛状刺，长1.5cm，另有1枚红褐色的钩状中刺；果实黄色，花从近顶部的老刺座的叶腋部开出，紫红色；花期多在夏季。

图7-7　丽光殿

2. 生长习性

丽光殿多在高海拔、强光照以及昼夜温差比较大的环境下生长，适合的基质为含有石灰质的土壤。

3. 栽培养护

丽光殿适合选择大而浅的花盆种植，在其生长旺盛期可多浇水。冬季可以忍耐0℃左右的低温。

4. 繁殖方法

丽光殿可用小刀挖取仔球进行扦插或嫁接繁殖。

八、高砂栽培与养护

别名 伊达锦

1. 形态特征

高砂（图7-8）为多年生肉质植物。高砂植株群生，茎近球形，单球体径4～5cm；表皮深绿色，具细长锥形疣突的螺旋棱，刺座着生疣突顶端，周刺25～50枚，白色，软毛状，中刺1至数枚或更多，尖端钩状，红褐色；花在球顶部成圈状着生，钟状，花径1～1.2cm，粉白色具红色中脉；花期多在春季。

2. 生长习性

高砂多在温暖干燥和阳光充足的环境下生长，比较耐旱和半阴，不耐寒冷，忌水涝。

3. 栽培养护

高砂在春季至秋季每月需浇水2次，施肥1次。初春和秋末温度低时减少浇水，注意不要对球体淋水，若淋到水，尽快置通风干燥处晾干。盆土宜用肥沃、疏松透气和排水良好的砂壤土。越冬温度不低于7℃，冬季保持盆土干燥。

4. 繁殖方法

高砂适合用分株、扦插以及嫁接的方法进行繁殖。

图7-8　高砂

九、玉翁栽培与养护

别名｜无

1. 形态特征

玉翁（图7-9）为多年生肉质草本植物。玉翁植株多为小型，呈圆球形至椭圆球形，单生，表皮鲜绿色；株高20cm左右，株幅15cm左右，球体有圆锥形疣状凸起排列形成的螺旋形的棱，刺座上有15～20枚白色长毛，顶部刺座有白色茸毛及30～35枚白色长毛，2～3枚褐色中刺；花期多在春季。

2. 生长习性

玉翁多在阳光充足和温暖干燥的环境下生长，怕寒，培养土适合选择用1份腐叶土、1份砂壤土，再加上适量的粗砂、石灰土或碎砖屑混合而成的基质。

3. 栽培养护

玉翁球体在充分的太阳光照射下看起来艳丽无比，到了炎热的夏季要对其适当遮阴。基质应选择具有良好排水性的肥沃土壤。倘若培养土太湿，光照不充足，温度太高，都对其生长不利。最适宜的生长温度为24～26℃。冬季最好将玉翁盆栽搬到室内，保持5～6℃的温度即可安全越冬。当温度接近0℃的时候，一定要进行防寒处理，具体操作是少浇水，白天将其放在光照充足的阳台上，晚上也要注意保暖。当玉翁处于生长旺盛期时，也要少浇水，切不可让水直接浸湿球体。但是，当玉翁长期处于缺水的情况下，同样不利于其生长。

图7-9　玉翁

4. 繁殖方法

玉翁多选用播种和嫁接的方法进行繁殖。

（1）播种繁殖

播种繁殖在春秋两季进行。在18～25℃的温度范围里，播后1周左右即可发芽。此后应逐步增加光照，增强幼苗的抵抗力，幼苗长一段时间后，可根据需要适时移栽。苗期生长温度保持15～25℃，越冬最低温度应保持在10℃以上。

（2）嫁接繁殖

在早春切除玉翁球茎顶端生长点，促进仔球生长。当仔球直径长到1cm以上时，就可切割下来当接穗。用草球或生长充实的三角柱一年生的茎段当砧木，采用平接法嫁接。一般7天左右接口愈合，嫁接成活后去掉绑扎物，进行正常栽培养护。

十、白玉兔栽培与养护

别名 | 白神丸

1. 形态特征

白玉兔（图7-10）为多年生肉质植物。白玉兔植株多为中小型，易群生，株高20cm左右；茎球形至圆筒形，表皮绿色；有圆锥形的疣状凸起形成的螺旋形排列的棱，刺座着生16～20枚白色短刺，2～4枚白色中刺，密生白色绵毛，顶端刺座生褐色刺；花钟状，红色，长1～2cm，有红色条纹；结棒状红色果实；花期在春夏季。

2. 生长习性

白玉兔喜温暖、光照充足、干燥和通风的环境，生性较强健，耐干旱。

3. 栽培养护

春季至秋季每月需要给白玉兔浇水约2次，施肥1次。盆土宜用肥沃、疏松和排水良好的砂壤土。越冬温度不低于7℃，保持盆土稍干燥。

4. 繁殖方法

白玉兔常用播种、分株、扦插以及嫁接的方法进行繁殖。

图7-10　白玉兔

十一、金手指栽培与养护

别名 | 黄金司

1. 形态特征

金手指（图7-11）为多年生肉质植物。金手指植株多为小型，初单生，易群生；茎

细圆筒状，直径1.5～2cm，肉质，形似手指，表皮绿色；球体上有13～21道螺旋棱，由圆锥疣突组成；刺座上着生1枚黄褐色针状中刺，15～20枚黄白色短刺，刺易脱落；花钟状，侧生，淡黄色；花期在春末至夏初。

图7-11　金手指

2. 生长习性

金手指喜温暖、光照充足的环境，生性较强健，耐干旱，稍耐阴。

3. 栽培养护

金手指在春季至秋季期间，每月需浇水2次，施肥1次。盆土宜肥沃、疏松和排水良好。越冬温度不低于5℃，保持盆土稍干燥。

4. 繁殖方法

金手指常用分株、扦插繁殖。

十二、银手球栽培与养护

别名　银毛球

1. 形态特征

银手球（图7-12）为多年生肉质植物。银手球植株易群生，为短小的圆筒形；单球直径2～3cm，颜色为灰绿色，植株有周刺12～15枚，为白色的刚毛样短刺，有1枚白色针状中刺；小花侧生，淡黄色，钟状，花径1cm左右；花期为全年。

2. 生长习性

银手球多在阳光充足和温暖湿润的环境下生长。在银手球处于休眠期时需要进行适当遮光处理，还要少浇水，保持盆土干燥。

3. 栽培养护

种植银手球时所用的基质最好是肥沃的砂质土壤，浇透水后，可在接下来的很长时间内不用浇水。不过，需要每天在其周围喷雾以增加空气湿度。银手球在幼苗期要遵循"少浇偏干"的浇水原则，切忌长期种植在潮湿的盆土中。在其生长旺盛期需要每半个月施加1次清肥。2年换1次盆。一般情况下，都

图7-12　银手球

要对银手球进行充足的光照，并将其放置在通风良好处进行养护。

4. 繁殖方法

银手球繁殖常用播种、扦插、分株和嫁接繁殖。因为银手球的仔球繁殖快，分株繁殖最好是结合换盆进行。将全株倒出，把生长繁茂过于拥挤的母株轻轻分离，另行种植。嫁接除冬季气温低，母球活动能力较差外，其他季节均可。

十三、白龙球栽培与养护

| 别名 | 无 |

1. 形态特征

白龙球（图7-13）为强刺类多年生肉质植物。白龙球植株多为中型，易丛生；茎球形至棒状，表皮淡绿色，有圆锥状疣突形成的螺旋棱，刺座上有白色绒毛和白色长刺；花钟形，较小，绕顶部一圈生长，花粉红色，花径1cm左右。

2. 生长习性

白龙球多在干燥贫瘠的砂质土壤或岩石缝隙里生长，不耐寒冷，忌强光照射和水涝。到了寒冷的冬季，一般都要将盆栽搬到室内越冬。

图7-13　白龙球

3. 栽培养护

白龙球需要在肥沃疏松的砂壤土中种植，冬季需要保持盆土干燥；春、夏以及初秋季节需要半个月浇1次水，盆土要保持适度潮润，冬季不浇水。在其生长旺盛期要每个月施加1次薄肥。

4. 繁殖方法

白龙球繁殖可切取仔球扦插，极易成活。

十四、猩猩球栽培与养护

| 别名 | 猩猩丸 |

1. 形态特征

猩猩球（图7-14）为多年生肉质植物。猩猩球植株单生或群生，圆筒状，高25～30cm，直径8～10cm；茎表皮绿色，有小疣突形成的螺旋棱13～21道，刺座着生7～15枚中刺，20～30枚周刺，均为红褐色；花紫红色，绕茎顶边缘一圈开放。

2. 生长习性

猩猩球喜阳光充足和温暖干燥的环境；适应性较强，喜透气性好、富含矿物质的砂壤土；耐干旱，也耐半阴，不耐寒，怕水渍；生长适温为20～25℃，冬季生长温度不宜低于10℃。

图7-14　猩猩球

3. 栽培养护

猩猩球的栽培比较容易，日常养护和其他仙人掌科多肉植物相似，夏秋季节可放置在露天环境养护，注意花盆不能积水。猩猩球在自根栽培时球体容易变长，刺的颜色会变淡，嫁接在砧木上时球体较圆，开花多，刺多为红色。

4. 繁殖方法

猩猩球多用播种繁殖或嫁接繁殖。

十五、英冠玉栽培与养护

1. 形态特征

英冠玉（图7-15）为多年生肉质植物。英冠玉植株单生或丛生，球形至圆筒形；表皮蓝绿色，有11～15道棱，刺座着生8～12枚红褐色中刺，12～15枚毛状周刺，黄白色，顶部毛刺密集；花漏斗状，黄色；花期多在夏季。

2. 生长习性

英冠玉多在通风良好、温暖潮润以及充足的弱光照的环境下生长，比较耐旱，稍微耐半阴环境，不耐寒冷，忌水涝和强光照，最适宜的生长温度为16～26℃，冬季的生长温度最好维持在6℃以上。

图7-15　英冠玉

3. 栽培养护

英冠玉对肥料要求不高，在生长期施肥2～3次，以复合肥和有机肥为主，忌偏施氮肥，否则易徒长、株形不美观。英冠玉对水分要求较低，在生长季节，盆土以稍湿润为佳，长期过湿易腐烂；冬季停止浇水，保持盆土干燥，忌积水。

4. 繁殖方法

英冠玉本种易生仔球，可用仔球扦插繁殖。英冠玉也可播种繁殖，如果能收取种子，播种后易出苗，小苗生长也快。

十六、龙神木缀化栽培与养护

别名 龙神冠

图7-16　龙神木缀化

1. 形态特征

龙神木缀化（图7-16）为多年生肉质植物。龙神木缀化植株多为中型，呈不规则冠状；茎为山峦状或鸡冠状，扁化，厚8～10cm，表皮为暗绿色，被有白粉；生有稀疏刺座，刺座着生5～9枚红褐色周刺，1枚黑色中刺；花漏斗状，白色；花期多在夏季。

2. 生长习性

龙神木缀化植株多在温暖干燥和充足的弱光照环境下生长，比较耐旱和半阴，不耐寒，忌水涝。

3. 栽培养护

龙神木缀化在春季至初秋期间，每月需要浇水2次，施低氮素肥1次。初春和秋末温度低时减少浇水。夏季避免强光灼伤，保持通风透气。盆土宜选用肥沃、疏松和排水良好的砂壤土。越冬温度不低于10℃，冬季保持盆土干燥。

4. 繁殖方法

龙神木缀化适合用分株或扦插繁殖。

十七、连城角栽培与养护

别名 四角柱

1. 形态特征

连城角（图7-17）为多年生肉质植物。连城角为大型植株，株高4～5m，多分枝，体色深绿色；茎柱状，直径约10cm，有4～5道深棱，棱上有横肋；刺座着生5～6枚深褐色针状周刺，长1cm，1枚中刺，长2cm；花侧生，漏斗状，白色；花期多在夏季。

2. 生长习性

连城角多在温暖干燥和光照充足的环境下生长，忌水涝，耐干旱。

图7-17　连城角

3. 栽培养护

连城角即便到了炎热的夏季，也不需要做遮阴处理。连城角多生长在排水性好并有良好透气性的砂质壤土中。在其生长旺盛期需要多浇水，冬季应保持盆土稍干燥，可忍耐0℃以上的低温环境。

4. 繁殖方法

连城角多采取扦插繁殖的方法，具体操作是选取连城角生长壮实的茎段，截取15～20cm长，等到切口晾干后可直接扦插到培养土中。连城角最适宜的生长温度为20～30℃，此时生根迅速。此外，连城角还可用播种繁殖，出苗容易，幼苗生长也比较快。

十八、仙人指栽培与养护

别名 仙人枝

1. 形态特征

仙人指（图7-18）为多年生肉质植物。仙人指植株分枝较多，呈下垂状；肉质枝节，扁平；每节的形状为长圆形叶状，节两侧各有1～2个钝齿，节部平截；茎节淡绿色，长3～3.5cm，宽1.5～2.5cm，中脉明显，边缘呈浅波状；花为整齐花，单生于枝顶，长约5cm，有多种颜色，包括紫色、红色、白色等；花期为2月。

2. 生长习性

仙人指适合在半阴和弱光照的环境下生长，盛夏季节会出现短暂的休眠期，此时要少浇水。

3. 栽培养护

仙人指盆土宜用排水性、透气性

图7-18 仙人指

良好的肥沃土壤，可以用泥炭土和腐叶土等混合配制。春天，仙人指植株开始生长时，最好每隔10天就施加1次氮肥，以便促使叶状茎变得更加肥厚。到了秋天，花芽开始分化，最好每7～10天追加1次磷肥，以促使花芽分化以及花蕾生长。当仙人指处于开花期或在冬季休眠以及夏季半休眠的时候，不可施肥。每2年翻1次盆。

4. 繁殖方法

仙人指多选择扦插繁殖和嫁接繁殖。在生长旺盛的4～5月期间，截取茎节1～4节或具有分枝的大枝扦插即可。扦插时伤口切忌沾水，在阴凉处晾2～3天，使伤口愈合，这样扦插后根部不会轻易腐烂。插后生根前也要将植株放置在阴凉处，适当少浇水，大概20天后即可生根。

十九、黑士冠栽培与养护

1. 形态特征

黑士冠（图7-19）为多年生肉质植物。黑士冠植株起初为单生，后仔球发展成丛生状；球体表面为灰白色，有14～18道棱，刺座密生，有5～6枚刺，后减少到1～2枚，黑色；花黄色，花径3cm；花期多在夏季。

2. 生长习性

黑士冠喜通风环境，需阳光直射，暴晒。越冬温度在0℃以上。

图7-19　黑士冠

3. 栽培养护

黑士冠盆土以颗粒土为主。春夏定期浇水，频率不需太高，冬季应保持干燥。夏天应适当遮阴。

4. 繁殖方法

黑士冠可选择用种子播种繁殖。利用播种繁殖的黑士冠通常在7～14天后即可发芽，最适宜的生长温度为21～27℃。黑士冠也可选择分株繁殖或嫁接繁殖。

二十、五百津玉栽培与养护

1. 形态特征

五百津玉（图7-20）为多年生肉质植物。五百津玉植株单生，茎扁球形至圆球形，有12～15道棱，棱缘突起，黄绿色；刺座着生7～8枚周刺，1枚中刺，略向内弯，黄褐色，新刺尖端黑色；花紫红色，钟状；花期多在春季至夏初。

2. 生长习性

五百津玉喜阳光充足的环境，在8℃以上可安全越冬。

3. 栽培养护

种植五百津玉的培养土最好选择具有良好的排水性和透气性，且含有一定的腐殖质的砂壤土。炎热的夏季要进行适当遮阴，寒冷的冬季要保持种植五百津玉的盆土处于半干燥状态，且要对其

图7-20　五百津玉

进行强光照。

4. 繁殖方法

五百津玉主要采用嫁接繁殖，即切除五百津玉的顶部促生仔球后，再切取籽球进行嫁接繁殖。

二十一、绯花玉栽培与养护

别名 无

1. 形态特征

绯花玉（图7-21）为多年生肉质植物。绯花玉植株多为小型，单生，扁球状，球径10cm左右，有8～12道棱，刺座稀疏，有5根灰色短刺，1根褐色中刺，中刺长1～1.5cm；花顶生，喇叭状，红色、白色或玫瑰红色，花径3～5cm；结深灰绿色的纺锤状果实；花期为5月。

2. 生长习性

绯花玉生性强健，多在光照充足的环境下生长，忌水涝，耐旱与寒冷。当绯花玉开花的时候，可以适当地多浇水，以促进花蕾开放。

图7-21 绯花玉

3. 栽培养护

绯花玉为多肉植物中的夏型种，4～10月的生长季节应放置在光照充足的环境下。夏季高温时适当遮光，避免强光灼伤球体表面，雨季注意排水，注意通风，避免闷热、潮湿的环境。冬季禁止浇水，保持培养土干燥，促使球体进入休眠状态，冬季生长温度不低于2℃时可安全越冬。若温度过低，可将植株用塑料薄膜罩起来保温，必要时可用棉花和稻草将植株包裹起来，连盆放入木箱中储存。

4. 繁殖方法

绯花玉可用仔球扦插繁殖，也可播种繁殖。

二十二、瑞云栽培与养护

别名 瑞云牡丹

1. 形态特征

瑞云（图7-22）为多年生肉质植物。瑞云植株球形，单生或群生；茎肉质，表皮紫褐色或灰绿色，有8～12道棱，较宽阔，棱脊上生有刺座，刺座上有白色绒毛和5～6枚灰

黄色周刺，弯曲；花漏斗状，3～7朵，
粉红色；花期多在春末至夏初。

2. 生长习性

瑞云多在光照充足和干燥温暖的
环境下生长，比较耐半阴和干旱，不
耐寒冷。

3. 栽培养护

培养瑞云的基质多选择肥沃和具
有良好排水性的壤土，在其生长旺盛
期，最好保持盆土潮润。当光照充足
时，球体的颜色鲜艳，刺色光亮。到
了盛夏季节，要进行适度遮阴，避免
球体被强光灼伤。不过，当遮阴时间
过长时，球体和刺色都会变得黯淡无

图7-22　瑞云

光，极大影响瑞云的观赏效果。在其生长旺盛期，每个月施加1次肥。每年5月换盆的时
候，植株最好选用含有肥沃的腐叶土、粗砂以及泥炭的混合培养土进行养护。每隔3～4
年最好重新进行仔球嫁接繁殖。

4. 繁殖方法

瑞云多选择用扦插和嫁接的方法进行繁殖。

（1）扦插繁殖

瑞云的扦插繁殖多在5～6月期间进行，具体操作是将瑞云母株旁边的子株剥下，
等到稍晾干后再将其插到砂床中，一般情况下，插后的子株在20～25天即可长出
新根。

（2）嫁接繁殖

瑞云的嫁接繁殖多在6～7月或9～10月期间进行，多选择用量天尺或叶仙人掌作
砧木，用仔球作接穗，采取平接法进行嫁接。嫁接后10天左右，倘若接合处愈合平整没
有发黑迹象，则表明嫁接后的植株成活，需要暂时将其放置在半阴处进行养护。

二十三、蟹爪兰栽培与养护

别名 蟹爪莲、圣诞仙人掌

1. 形态特征

蟹爪兰（图7-23）为多年生肉质灌木植物。蟹爪兰植株多分枝，茎圆柱形，悬垂，幼
茎扁平，老茎木质化，无刺；叶片串生，肉质，形似脚蹼，鲜绿色或稍带紫色，扁平，半
截椭圆形，顶端截形，两侧波浪状，各有2～4枚粗锯齿，叶片中肋厚；花生于枝头，单
生，长6～9cm，短筒状，开数裂，花萼顶端分离，玫瑰红色；花期为10月至次年2月。

2. 生长习性

蟹爪兰多在散射光的照射下生长，忌强光照和水涝，基质多选择肥沃的壤土。蟹爪兰最适宜的生长温度为18～23℃。

3. 栽培养护

蟹爪兰在夏季应避免烈日暴晒和雨淋，加强空气对流，适当喷雾降温；冬季保持温暖和充足光照，可搬到室内光线明亮的地方养护。在蟹爪兰生长期，除了定时浇水外，也可以通过喷雾来增加空气中的湿度，切忌在培养土完全干燥后才浇水。

4. 繁殖方法

蟹爪兰可选择用播种、分株、嫁接以及扦插的方法进行繁殖。

（1）播种繁殖

蟹爪兰必须在开花的时候进行人工授粉才能收获种子。种子发芽最合适的温度为22～24℃，播种后5～9天即可出苗，幼苗生长得极其缓慢。

（2）分株繁殖

较大的蟹爪兰植株常常会产生蘖芽。开花后的蟹爪兰结合换盆时将蘖芽与母株分开，另外上盆栽培。如果不换盆，在不损伤母株的前提下，小心地将盆边的蘖芽挖出来，将挖出的蘖芽种植到其他盆土中进行养护即可。

（3）嫁接繁殖

蟹爪兰多选择在春秋两季进行嫁接繁殖。具体操作是选择生长旺盛的蟹爪兰植株作接穗；选择量天尺、仙人掌等作砧木。截取3～4节肥厚的变态茎作为接穗，将其下端削成楔形。用锋利的刀子在砧木的每个棱上呈20°～30°角向斜下方切口，深度为1.5～2cm。将接穗快速插到砧木中，利用仙人掌的长刺或者消过毒的牙签固定住。嫁接后的蟹爪兰应放置在半阴环境下进行养护，且要保持一定的空气湿度。通常情况下，嫁接后10天左右，倘若接穗还是新鲜挺拔，就表明嫁接的植株成活了，30天左右即可进行正常的水肥管理。

（4）扦插繁殖

蟹爪兰适合在春秋两季进行扦插繁殖，剪下数节生长旺盛的茎节用作插穗，将截取的插穗放置在阴凉处晾上2天，当切口变成半干燥后即可插到砂中。因为插床湿度过大时，切口容易腐烂，所以，一定要严格控制插床湿度。倾斜扦插的植株更容易成活。扦插后的植株在温度适宜的情况下，15～20天后即可生根，1个月后可上盆栽种。

图7-23　蟹爪兰

二十四、绯牡丹栽培与养护

别名　红牡丹、红灯

1. 形态特征

绯牡丹（图7-24）为多年生肉质植物，是牡丹玉的斑锦品种。绯牡丹植株多为小型，成熟球体群生仔球；茎肉质，扁球形，球径3cm左右，通体为深红色、鲜红色、粉红色、橙红色或紫红色，茎上有8道棱，棱上有数道横脊；刺座稀疏，有白色短刺3～5枚；花顶生，漏斗形，粉红色，结红色的纺锤形果实；花期多在春夏季。

2. 生长习性

绯牡丹喜温暖和阳光充足的环境，耐干旱，喜肥沃和排水良好的土壤。

3. 栽培养护

绯牡丹在夏季生长时期每1～2天对球体喷雾1次，使之更鲜艳，放置在阳光充足的环境中，但在强光下要适当遮阴。冬季生长温度应保持在8℃以上才能安全越冬，放置在阳光充足的窗台或阳台，注意控水，保持培养土干燥。春季温度在10℃以上时可换盆，换盆时注意轻拿轻放，除去死根、断根，晾置3～5天后重新栽种，放置在半阴处，暂不浇水，每天喷雾保持湿度，半个月后可适量浇水，成活后移至阳光充足的环境培养。

4. 繁殖方法

绯牡丹多嫁接繁殖。对于绯牡丹来说，在温室栽培的情况下全年都可进行嫁接繁殖，春末夏初之际进行嫁接繁殖最为适宜，那时候伤口愈合快，还有较高的成活率。具体操作是选取粗壮且柔嫩的量天尺、仙人掌、仙人柱以及虎刺等砧木，将植株的顶部削平后备用。从母株上选取直径大概1cm的健壮仔球作为接穗，剥下后用刀片削平，将仔球紧贴在砧木切口，球心对准砧木中心柱，用绳子或皮筋将其扎牢，最适合生长的温度为25～30℃，7～10天后将其松开，再进行15天左右的养护，接口完好，表明植株成活。

图7-24　绯牡丹

二十五、新天地栽培与养护

别名　无

1. 形态特征

新天地（图7-25）为多年生肉质植物，是裸萼球属中最大的株型。新天地植株单生，球形或扁球形，顶部扁平；球体表皮绿色或淡蓝绿色，有圆锥形疣突形成的螺旋棱

10～30道；刺座着生7～15枚红褐色周刺，3～5枚中刺，顶部刺为黄色；花顶生，漏斗状，花径2cm；花期多在初夏。

图7-25　新天地

2. 生长习性

新天地多在光照充足、温暖干燥的环境下生长，比较耐旱，不耐寒冷和隐蔽环境。基质多选择肥沃且具有良好排水性的酸性土壤。

3. 栽培养护

新天地的球体生长比较迅速，每年春天就要换1次盆，基质选择1份腐叶土、1份粗砂以及适量干牛粪配制而成的培养土。在其生长旺盛期可多浇水，盆土需透气、排水性好，最好向植株四周喷水降温。当炎热的夏季到来之际，需要对植株进行适当遮阴处理。寒冷的冬天要少浇水，保持盆土干燥，生长温度要维持在10℃以上。

4. 繁殖方法

新天地多用播种和嫁接的繁殖方法。

（1）播种繁殖

新天地进行播种繁殖最好在4～5月间进行。播种10～12天后即可发芽。

（2）嫁接繁殖

新天地进行嫁接繁殖适宜在5～6月进行，多选择用量天尺作砧木，用2年生的小球作接穗，主要采用平接法，通常情况下，10～15天后连接处可愈合。

二十六、万重山栽培与养护

别名 山影、仙人山

1. 形态特征

万重山（图7-26）为多年生肉质植物。万重山植株多为小型，多分枝，整体呈假山形；茎呈不规则的圆柱形，有3～5道棱，肉质肥厚，暗绿色或黄绿色，有褐色刺；花漏斗形或喇叭状，粉红色或白色，昼闭夜开；花期多在夏秋季。

2. 生长习性

万重山多在阳光充足的环境下生长，比较耐干旱和土壤贫瘠，当光照不充足时，容易导致植株徒长。

3. 栽培养护

万重山盆栽宜选用通气、排水良好、富含石灰质的砂质土壤。浇水要"见干见湿，宁干勿湿"，浇水要浇透，一般情况下，夏天的时候，3～5天就可浇水1次。万重山在平时不需要施肥，只有在每年换盆的时候才需要在花盆底部放入少量碎骨粉或有机肥料。当室外温度在5℃左右时，就要将其移入室内进行养护，切忌离窗玻璃过近，以防被阳光灼伤。

4. 繁殖方法

万重山多采用扦插的方法进行繁殖。万重山扦插繁殖全年皆可进行，在4～5月期间最为适宜。截取万重山的茎，晾1～2天后，等到切口收干后再将其插到土中，暂时不需要浇水，压实盖土，可以喷少量水保持盆土湿润即可。一般在14～23℃的温度下，大概20天后就能生根。此外，最好不要在梅雨季节和炎热的夏天进行扦插繁殖，这时扦插后的植株成活率很低。

图7-26　万重山

二十七、翁柱栽培与养护

别名 | 白头翁

图7-27　翁柱

1. 形态特征

翁柱（图7-27）为多年生肉质植物。翁柱为大型植株，株高可达6m，偶有分枝；茎圆柱状，肉质，表皮绿色，有20～30道棱；刺座大而密集，着生白毛和1～5枚细刺，黄色，顶部白毛更多，似老翁的白发；花漏斗形，白色，中脉红色；花期多在夏季。

2. 生长习性

翁柱多在光照充裕和干燥温暖的环境下生长。翁柱具有极强的适应性，比较耐旱、耐寒以及耐高温环境。培养土最好选择具有良好排水性，且含有少量石灰质的砂质土壤。冬季最适宜温度应在5℃以上。

3. 栽培养护

翁柱盆栽所需基质最好选择由腐

叶土、粗砂和碎砖以及少量的陈灰墙屑混合而成的培养土。在其生长期间，盆土应保持潮润。因其白毛容易沾惹脏污，在翁柱换盆的时候，最好利用肥皂水进行清洗，等到晾干后再上盆，以保持清洁。

4. 繁殖方法

翁柱多选择用播种、嫁接以及扦插的方法进行繁殖。

（1）播种繁殖

翁柱在春季采用室内盆播的方法，播种后10～12天即可发芽，幼苗生长迅速。

（2）嫁接繁殖

在5～6月期间，将翁柱植株切去顶部，促使顶部萌生多个仔球作接穗。选择用短毛球或量天尺作砧木。

（3）扦插繁殖

等到翁柱的嫁接苗生长3～4年后，可切除砧木，晾干后插在砂床上，生根后再上盆栽种。

二十八、银翁玉栽培与养护

别名 | 无

1. 形态特征

银翁玉（图7-28）为多年生肉质植物。银翁玉植株多为小型，单生，球形至短圆筒状，直径5cm左右，有16～18棱；刺座上有针状弯曲长刺30枚，长2cm左右，灰白色，生有黄色绵毛；刺座下方有椭圆形凸出；花淡红色；花期多在春季。

2. 生长习性

银翁玉多在光照充足和温暖潮润的环境下生长，虽然比较耐湿润，但也要根据植株的生长情况适度浇水。银翁玉不耐寒。

3. 栽培养护

银翁玉在夏季可直接放置在光照充足的地方，正午需要遮阳在早晨或傍晚浇水。冬季温度过低时应放置在温室中，或用薄膜遮盖保温，但应适时通风。

4. 繁殖方法

银翁玉一般采用扦插的方法繁殖，方法同其他仙人掌科植物。

图7-28 银翁玉

二十九、金赤龙栽培与养护

1. 形态特征

金赤龙（图7-29）为多年生肉质植物。金赤龙植株多为中型，单生，球形至圆筒形，株高1～1.5m，直径60～80cm；茎深绿色至灰绿色，有15～25道棱；刺座着生12～30枚长刺，刺扁平带钩弯曲，褐色、黄色或灰色，刺端淡红褐色；花顶生，钟状，褐色、黄色或红色；花期多在夏季。

图7-29　金赤龙

2. 生长习性

金赤龙多在光照充足和疏松透气的环境下生长，在生长期要少浇水，以保持盆土干燥。

3. 栽培养护

金赤龙盆栽土壤要求是含石灰质并排水良好的砂质土，可用3份粗砂及砾石、壤土、腐叶土、石灰质材料各1份配成。冬季维持温度3～5℃以上，保持盆土干燥；夏季应遮阴。

4. 繁殖方法

金赤龙可采用播种繁殖或嫁接繁殖。砧木以用量天尺较佳。

三十、赤刺进冠龙栽培与养护

图7-30　赤刺进冠龙

1. 形态特征

赤刺进冠龙（图7-30）为多年生肉质植物。赤刺进冠龙植株单生；茎球形至短圆筒形，高25～30cm，直径20～25cm；表皮绿色至深绿色，13～20道棱，4枚中刺，1枚向下，较扁平且先端弯曲，侧刺和周刺较中刺细，刺红色至淡褐红色；花顶生，钟状，花径约4cm，红色或橙红色；花期多在夏季。

2. 生长习性

赤刺进冠龙喜温暖、阳光充足和

干燥的环境，生长适温为24～28℃。

3. 栽培养护

注意不可从赤刺进冠龙的顶部淋水，注意防治红蜘蛛。夏季高温时赤刺进冠龙生长停滞，宜遮阴，置凉爽、通风透气处，控制水分。盆土宜用肥沃、疏松、排水良好和富含石灰质的砂壤土。越冬温度在7℃以上，冬季保持干燥。

4. 繁殖方法

赤刺进冠龙多采用播种繁殖，用实生苗嫁接繁植。

三十一、江守玉栽培与养护

别名 无

1. 形态特征

江守玉（图7-31）为多年生肉质植物。江守玉植株为大型，单生，扁圆形至圆柱状，球径可达1m；茎肉质，灰绿色，有8～32道波浪形棱，刺座稀疏，附生白色绒毛，着生5～8枚周刺，1枚中刺，末端弯曲，刺红褐色，刺端黄白色；花漏斗状，橙黄色，花径6cm左右；花期多在春季。

图7-31　江守玉

2. 生长习性

江守玉多在光照充足和干燥温暖的环境下生长，比较耐旱和耐寒，忌水涝。

3. 栽培养护

江守玉到了夏季宜放置在阳光充足的环境下，盛夏高温时要适当遮阴，生长期可充分浇水，但忌积水。冬季保持培养土干燥。

4. 繁殖方法

江守玉常采取切顶促生仔球，进行嫁接繁殖。

三十二、王冠龙栽培与养护

别名 蓝筒掌

1. 形态特征

王冠龙（图7-32）为多年生肉质植物。王冠龙植株呈球形，易群生；球体绿色，有11～14道深棱；刺座密集，生有6～8枚黄色周刺，1枚黄色中刺，顶端刺座有白毛；

图7-32　王冠龙

花较大，花径2cm左右，黄色；花期多在春季。

2. 生长习性

王冠龙生性比较强健，喜温暖湿润、阳光充足和昼夜温差大的环境，生长适温16～28℃，冬天最低温度不宜低于5℃。

3. 栽培养护

王冠龙需要在每年的春季进行换盆，并在含有石灰质的肥沃砂壤土中种植。在其生长旺盛期需要给予充足的光照，多浇水。此外，还要每个月施加1次有机肥。到了盛夏季节，还要对植株进行适当遮阴处理，遮阴时间不可太长，否则会影响植株的美观。冬季应移到室内进行养护，少浇水，保持盆土干燥。

4. 繁殖方法

如果有王冠龙种子，可进行播种繁殖，4～5月采用室内盆播，播后约10～12天发芽，幼苗生长较慢，管理需谨慎。为了促进其快速生长，可将5～6年生的王冠龙先截顶，促使基部多萌发新芽，将萌芽插入湿土中，便可生根，正常生长。

三十三、巨鹫玉栽培与养护

别名　鱼钩球

1. 形态特征

巨鹫玉（图7-33）为多年生肉质植物。巨鹫玉植株多为中型，单生，球形至圆筒形；茎有13道棱，棱薄沟深，呈斜向或螺旋状排列，表皮深绿色；刺座生有11枚白色周刺，红褐色扁平带钩中刺4枚；花漏斗状，橙红色；花期多在春末至夏初。

2. 生长习性

巨鹫玉多在光照充足和温暖干燥的环境下生长，比较耐旱和耐寒，忌水涝。应该选择具有良好排水性，并含有一定量石灰质的肥沃砂壤土作基质。

图7-33　巨鹫玉

3.栽培养护

在巨鹫玉生长旺盛期可多浇水，每个月要施加1次有机肥。在炎热的夏季，还要进行适度的遮阴处理。到了冬季要少浇水，保持盆土干燥。巨鹫玉能耐3℃左右的低温，当温度保持在5℃以上时可安全越冬。用巨鹫玉球体嫁接在以量天尺作砧木的切口上，2年后可在生长期切下进行扦插，否则，球体表皮很容易发生老化现象，非常影响其观赏性。

4.繁殖方法

巨鹫玉多采用播种和嫁接的方法进行繁殖。

（1）播种繁殖

播种最好选择在4～5月期间进行，在室内上盆播种，播后8～10天即可发芽，幼苗生长比较快。

（2）嫁接繁殖

嫁接多在6～7月期间进行，利用量天尺作砧木，用2年生实生苗或2～3年生的巨鹫玉植株切去顶部后萌生的仔球作接穗。

三十四、裸般若栽培与养护

别名 | 无

1.形态特征

裸般若（图7-34）为多年生肉质草本植物，是般若的栽培品种。裸般若植株多为中小型，单生，球形，株高为20cm左右，株幅为15cm左右；茎青绿色，有8道棱，无星点；花漏斗状，黄色；花期多在夏季。

2.生长习性

裸般若多在温暖干燥和光照充足的环境下生长，能耐短时间的低温环境，多选择在具有良好排水性的培养土中生长。

3.栽培养护

裸般若适宜种植在用1份壤土、1份腐叶土和1份粗砂混以及少量的石灰质材料混合而成的基质。由于裸般若的根系很浅，不适合深栽。为了增加盆土的排水性，最好在盆底多垫上一些瓦片或石粒。到了炎热的夏季，最好多浇水，并每个月施加1次有机肥，但都要适量添加，一定不能过多施加水肥。冬季到来之际，裸般若会进入休眠期，此时要少浇水，多进行光合作用，保持盆土潮润

图7-34　裸般若

即可。裸般若的生长较快，通常情况下，每2～3年换1次盆。

4. 繁殖方法

裸般若常用种子播种繁殖，也可以嫁接繁殖。

三十五、鸾凤玉栽培与养护

别名 僧帽、多柱头星球

1. 形态特征

鸾凤玉（图7-35）为多年生肉质植物。鸾凤玉植株多为中小型，单生，球形至细圆筒形，球径15cm左右，灰白色，有3～9道棱，一般为5道棱，底部有横向沟槽；棱上的刺座有褐色绵毛，球体密被白色小鳞片或星状毛；花顶生于刺座上，漏斗形，黄色或有红心；花期多在夏季。

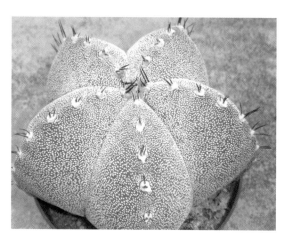

图7-35　鸾凤玉

2. 生长习性

鸾凤玉多在温暖干燥和光照充足的环境下生长，比较耐干旱、寒冷以及半阴环境。鸾凤玉最适宜的生长温度为18～25℃，冬季生长温度最好保持在5℃以上。

3. 栽培养护

鸾凤玉适合在肥沃的潮湿壤土中种植，注意保持盆土的湿润。高温时节宜放在阴凉通风环境。当天气变冷后，最好将盆栽移入室内进行养护，并进行充足的太阳光照射。在植株的生长旺盛期，需要每个月施加1次稀薄的有机肥。需要注意的是：为鸾凤玉施肥时一定要宁淡勿浓。

4. 繁殖方法

鸾凤玉可用播种繁殖，也可切顶嫁接繁殖。成熟种子采后即可播种，约4～5天就会发芽，实生苗培育3年左右可见花。也可切顶促其在髓部周围群生仔球，然后用三角柱或龙神木作砧木嫁接仔球。

三十六、四角鸾凤玉栽培与养护

别名 无

1. 形态特征

四角鸾凤玉（图7-36）为多年生肉质植物，是鸾凤玉的变种。四角鸾凤玉植株多为小型，单生；茎呈正方形，有4道棱，表面为深绿色，密布白色星状毛；花顶生，漏斗

状，花径2cm左右，淡黄色；花期多
在夏季。

2. 生长习性

四角鸾凤玉的生长习性同鸾凤
玉的生长习性，喜光，生长适温为
18～25℃。

3. 栽培养护

四角鸾凤玉植株的栽培养护措施
可参照鸾凤玉的栽培养护措施，注意
需进行充足而柔和的光照，盛夏适当
遮阴，生长期每月施肥1次，每2周
浇水1次。

图7-36　四角鸾凤玉

4. 繁殖方法

四角鸾凤玉需母株萌生的斑锦仔球嫁接繁殖。

三十七、四角琉璃鸾凤玉栽培与养护

别名 | 碧云玉

1. 形态特征

四角琉璃鸾凤玉（图7-37）为多年生肉质植物，是四角鸾凤玉的栽培品种。四角
琉璃鸾凤玉植株多为小型，单生，呈四方形；茎表面碧绿色，光滑，有白色星点组成的
细条纹，4道棱，刺座无刺有绒毛；花顶生，漏斗状，花径2cm左右，淡黄色；花期多在
夏季。

图7-37　四角琉璃鸾凤玉

2. 生长习性

四角琉璃鸾凤玉的生长习性同鸾
凤玉的生长习性，喜光，生长适温为
18～25℃。

3. 栽培养护

四角琉璃鸾凤玉植株的栽培养护
措施可参照鸾凤玉的栽培养护措施，
注意需进行充足而柔和的光照，盛夏
适当遮阴。生长期每月施肥1次，每2
周浇水1次。

4. 繁殖方法

四角琉璃鸾凤玉需母株萌生的斑
锦仔球嫁接繁殖。

三十八、象牙球栽培与养护

1. 形态特征

象牙球（图7-38）为多年生肉质植物。象牙球植株单生或群生；茎球形至扁球形，高12～15cm，直径约15～20cm；表皮绿色至深绿色，光滑，圆钝的疣突大而突出，放射状着生5～7枚黄褐色硬刺，疣突腋间有白色绵毛，球顶部白色绵毛更加浓密；花顶生，漏斗状，花径约8cm，深粉红色；花期多在夏季。

图7-38 象牙球

2. 生长习性

象牙球多在潮湿和弱光照的环境下生长，当植株在干热和不通风的环境下生长时，很容易遭受红蜘蛛的危害。象牙球的生长适温为18～28℃，冬季生长温度最好在6℃以上。

3. 栽培养护

在春季至初秋季的象牙球植株生长期间，每月浇水3～4次，施肥2次，需疏松透气和排水通畅的盆土，以砂壤土为宜。越冬温度不低于10℃，冬季保持盆土干燥。

4. 繁殖方法

象牙球通常采用嫁接繁殖。嫁接苗成形后易出仔球，可摘取仔球再嫁接。

三十九、白檀栽培与养护

图7-39 白檀

1. 形态特征

白檀（图7-39）为多年生肉质植物。白檀植株多分枝；茎肉质，细筒状，初时直立，后匍匐丛生，有6～9道浅棱，体色淡绿色；刺座上着生短刺10～15枚，白色，无中刺；花侧生，漏斗状，鲜红色，花径5～7cm；花期多在夏季。

2. 生长习性

白檀生性强健，多在阳光充足、通风良好的环境下生长，有较强耐寒性。

3. 栽培养护

夏秋季节为白檀的生长季节，可充分浇水，高温季节要适当遮阴并注意通风。冬季白檀休眠，移至室内，放置在有光照位置，保持培养土干燥。春季移至室外，到花蕾形成初期仍不浇水，直至花蕾长到1cm时方可浇水，这是促使其开花的关键。

4. 繁殖方法

白檀很容易生仔球，在生长期可摘取白檀的仔球进行扦插繁殖，具有很高的成活率。也可将白檀仔球直接嫁接在用量天尺制作的砧木上，成活率也很高。

四十、兜栽培与养护

別名 星兜、星球

1. 形态特征

兜（图7-40）为多年生肉质植物。兜植株多为小型，株高和株幅均为10cm，单生，呈半球形或圆柱形；球体有8道浅棱，棱宽厚，球面青绿色，均匀分布白色绒点，刺座无刺有白色绒毛；花顶生，漏斗状，鲜黄色，喉部红色，花径7cm左右；花期多在春季至秋季。

图7-40 兜

2. 生长习性

兜喜阳光充足的环境，喜排水良好的富含石灰质的砂质壤土。

3. 栽培养护

兜在寒冷的冬季最好生长在7～9℃的温度下，并要求盆土保持干燥。在其生长旺盛期要适当多浇水。植株需要5～6年换1次盆。

4. 繁殖方法

兜常用播种和嫁接的方法繁殖。兜结籽播种都很容易，成熟种子采后即可播种，约4～5天就可发芽，实生苗培育3年左右可见花。也可切顶促其在髓部周围群生仔球，然后用三角柱或龙神木作砧木嫁接仔球，1年就能开花。

四十一、层云栽培与养护

別名 无

1. 形态特征

层云（图7-41）为多年生肉质植物。层云植株扁圆形，上生花座，有茎，单生；球体有10～12道棱，棱上密生刺座，着生7～8枚淡褐色周刺和1枚褐色中刺，表皮蓝绿色；花座密生暗红色刚毛，紫红色与白色间杂；花淡红色；花期多在夏季。

2. 生长习性

层云的生性较为强健，除了在寒冷的冬季需要适度保温外，没有其他特殊的要求，萌发的新芽也比较容易扦插成活。

3. 栽培养护

层云可用腐叶土、园土、粗砂、干牛粪块、谷壳炭等混合栽培。除冬季外都要充分浇水。

图7-41 层云

4. 繁殖方法

层云可用播种和嫁接的方法繁殖。层云一年结子数次，播种繁殖栽培十分容易，一年可采种几次，而且种子的出苗率很高。层云采用嫁接的方法可提前开花。

四十二、福禄寿栽培与养护

别名 福乐寿

1. 形态特征

福禄寿（图7-42）为多年生肉质植物。福禄寿植株大型，柱状，株高可达2m，株幅50cm左右，基部多分枝；茎灰绿色，石化，旋转扭曲，有4道棱，表面光滑，有乳状凸起，刺座着生少量褐红色短刺；花白色；花期多在夏季。

图7-42 福禄寿

2. 生长习性

福禄寿喜温暖、光照充足和干爽的环境，耐干旱，稍耐寒，怕水湿。生长适温为16～25℃，冬季生长温度不宜低于5℃。

3. 栽培养护

在春季至秋季福禄寿生长期间每月需要浇水4次，施肥1次。盆土需用肥沃、疏松、排水良好和含石灰质的砂壤土，保持盆土干燥。

4. 繁殖方法

福禄寿多采用扦插的方法进行繁殖。在福禄寿生长旺盛期进行切顶促生仔株，等到仔株长到一定大小的时候，直接用刀切割下来就可进行扦插繁殖。

四十三、黄金云栽培与养护

别名 菠萝球

1.形态特征

黄金云（图7-43）为多年生肉质植物。黄金云植株多为中型，株高可达80cm，株幅10cm左右，单生，球形，上生圆柱形花座；球体有13～18道薄棱，密生刺座，着生1枚中刺，8～10枚周刺，新刺金黄色，老刺黄褐色，球体表面灰绿色，密生暗红色刚毛；花漏斗状，紫粉色，花径2cm左右；花期多在夏季。

图7-43 黄金云

2.生长习性

黄金云喜光，日照要充足，生长适温为19～24℃。

3.栽培养护

在黄金云生长期间，需要每月施肥1次，春季至秋季每半月浇水1次。

4.繁殖方法

黄金云进行播种繁殖较容易，仔球嫁接培植可提早开花。

四十四、绫波栽培与养护

别名 无

图7-44 绫波

1.形态特征

绫波（图7-44）为多年长肉质植物。绫波植株单生；茎扁球形，高约15cm，直径28～30cm；表皮深绿色至绿色，13～17道棱；刺座大，密生毡毛，排列分散，周刺6～7枚，细锥状，中刺1枚，扁平，先端尖锐，长3.5～4.5cm，淡红棕色至淡棕色；花顶生，钟状，粉红色，喉部深红色，花瓣先端睫毛状，浆果大，红色；花期多在春季夏初。

2.生长习性

绫波喜阳光充足、温差大和通风良好环境，耐干旱，稍耐寒，怕水渍，忌烈日暴晒。生长适温为16～26℃，冬季在向阳处最低温度宜保持5℃以上，在盆土干燥的情况下，可耐0℃的低温。

3. 栽培养护

绫波在春季至秋季每月浇水3～4次，施肥1次。初春温度不到15℃时，减少浇水。夏季温度过高时需遮阴。盆土宜用肥沃、疏松、排水良好和含有石灰质的砂壤土。越冬温度不低于8℃，冬季温度低时保持盆土干燥。

4. 繁殖方法

绫波可进行播种繁殖，播种苗可早嫁接，然后切顶，促进萌生仔球。成形球即使切顶，也不容易萌生仔球，生长也缓慢，应该注意的是：绫波的嫁接成形球从砧木上切割下来扦插不容易生根，最好用生根剂促进生根，采用砂插或水插较有利于根系的萌发。

四十五、金琥栽培与养护

别名 金琥仙人球、黄刺金琥

1. 形态特征

金琥（图7-45）为多年生肉质植物。金琥植株球形，单生，表皮亮绿色；球体有20～40道棱，棱上刺座密集，刺座上着生8～10枚金黄色周刺；花钟形，长5cm左右，亮黄色；花期多在夏季。

2. 生长习性

金琥生性强健，多在干燥温暖和光照充足的环境下生长，培养土多为石灰质壤土，怕寒冷，忌水涝。

3. 栽培养护

金琥每天至少要进行6个小时的强光照射。到了盛夏季节应适度遮阴。金琥最适合生长的温度为白天25℃，夜晚10～13℃，有一定的昼夜温差能够促使金琥生长加快。当冷空气到来之际，应将金琥移到室内阳光充足的地方，并且温度应保持8～10℃。如果冬季温度过低，球体上会出现难看的黄斑。

图7-45 金琥

4. 繁殖方法

金琥主要采取播种的方法进行繁殖，发芽比较容易。也可采用嫁接的方法进行繁殖，可在早春采取切顶的方式，促使其生长仔球，仔球长到

0.8 ～ 1cm的时候即可切下嫁接，砧木最好选择用一年生的量天尺茎段比较合适。

四十六、无刺金琥栽培与养护

1. 形态特征

无刺金琥（图7-46）为多年生肉质植物。无刺金琥植株单生或群生，表皮翠绿色，有21～31道棱，棱脊直；无刺金琥与金琥的主要区别在于球体刺很短，常被刺座上的短绒毛所遮盖；花顶生，钟状，花径2～2.5cm；花期多在夏季。

图7-46　无刺金琥

2. 生长习性

无刺金琥同金琥一样生性强健，喜干燥温暖、光照充足和通风良好的环境，培养土多为右灰质壤土，怕寒冷，忌水涝。

3. 栽培养护

无刺金琥宜用排水透气性良好、肥沃，并含有适量石灰质的土壤栽培。无刺金琥的幼株到了盛夏季节可适度遮阴，但不能全天无光照。春、秋、冬三季可多进行光合作用。在其生长旺盛期要遵循"干透浇透"的原则，确保盆土不过于干燥，也不发生积水的状况。还可向植株喷水以增加空气湿度，每个星期施加1次低氮高磷钾的液肥以促使球体更富有光泽。冬季应该少浇水，保持盆土略干燥，温度不低于3℃时可安全越冬。每年春季应换1次盆，换盆的时候还要将植株的1/2～2/3的根系剪掉，促进生出新根。

4. 繁殖方法

无刺金琥多采用播种的方法进行繁殖。此外，无刺金琥还可用嫁接的方法进行繁殖。具体操作是将植株上健壮的球体用刀子切除顶部，促进仔球的生长，等到仔球长到一定大小的时候再切下，利用三棱箭作砧木进行嫁接。

四十七、短刺金琥栽培与养护

1. 形态特征

短刺金琥（图7-47）为多年生肉质植物，是金琥的栽培品种。短刺金琥植株单生，球形，表皮绿色或黄绿色；球体有18～22道棱，刺座稀疏，着生象牙色短刺，顶部刺座密生白色绒毛；花钟状，黄色；花期多在夏季。

2. 生长习性

短刺金琥喜光，日照要充足，生长适温为13～24℃。

3. 栽培养护

短刺金琥在生长期每月需施肥1次，生长期每周浇水1次。

4. 繁殖方法

短刺金琥多采用播种繁殖，也可切顶萌生仔球繁殖。

图7-47 短刺金琥

四十八、金星栽培与养护

别名 长疣八卦掌

图7-48 金星

1. 形态特征

金星（图7-48）为多年生肉质植物。金星植株多为中小型，群生，单头为圆球形，球径为8～15cm，密生棒状疣突，长2～7cm，球表皮青绿色，肉质肥厚；刺座生于疣突顶端，有3～12枚黄褐色长刺，长1.5～2cm，刺先端深褐色；花漏斗形，腋生于疣突间隙；花期为5～9月。

2. 生长习性

金星喜温暖和半阴环境，在散射光明亮处生长良好，耐干旱，忌强阳光直射。生长适温为18～26℃，冬季生长停滞，最低温度不宜低于5℃。

3. 栽培养护

金星日照要充足，生长期每月施肥1次，春季至秋季每半月浇水1次。

4. 繁殖方法

金星很容易促生仔球，可在生长期分割仔球进行扦插繁殖。金星播种出苗也很容易，且幼苗的存活率很高。

Chapter 8

第八章　其他科多肉花卉栽培与养护

一、惠比须笑栽培与养护

 短茎棒槌树

1. 形态特征

惠比须笑（图8-1）为多年生肉质植物。惠比须笑根茎不规则膨大，内含大量水分；茎干扁平低矮，为不规则的块状或扁球状，直径约60cm，表皮银白色至银灰色，木栓质，刺银白色；叶椭圆形，先端尖，长3～5cm，宽约1～1.5cm，全缘，叶的短柄直接着生于块状茎干上；花大，花冠5裂，漏斗状，亮黄色，花期多在夏季；本种肉质茎干呈团块状，几乎无枝条，叶着生于团块上，很奇特，为观茎干类植物的代表种类之一。

2. 生长习性

惠比须笑喜温暖和光照充足的环境，耐干旱，不耐寒，怕积水。惠比须笑膨大的块状茎具木栓质表皮，可减少茎干内储存水分的蒸发，生长适温为15～24℃。

3. 栽培养护

惠比须笑在春末至秋初生长期浇水宜干透浇透，每月施薄肥1次。夏季高温时，生长缓慢，需放置于空气流通处，避免闷热潮湿，减少浇水，停止施肥。盆土宜肥沃、疏

图8-1　惠比须笑

松透气、排水良好、含适量钙质。越冬温度10℃以上，植株可继续生长，温度过低，进入休眠状态。需保持盆土干燥。盆土宜选用疏松透气、排水良好且颗粒较粗的壤土，可用腐叶土或草炭土2份，粗砂或蛭石、兰石3份混合配制，并适量掺入骨粉或贝壳粉等。每2～3年的春季换盆1次。

4. 繁殖方法

惠比须笑多采用播种繁殖，也可用萌发出的短茎干扦插繁殖。

二、美丽水牛角栽培与养护

别名 无

1. 形态特征

美丽水牛角（图8-2）为多年生肉质花卉。美丽水牛角原产地植株高30～80cm，人工栽培的盆栽植株高20～30cm；茎肉质，无叶，有分枝，3～4棱，粉绿色，棱缘具稀疏肉刺；头状花序的小花为五角星状，紫红色至红褐色，喉部黄色至橙黄色，花期多在夏季；本种肉质茎色彩淡雅，与鲜艳的头状花序小花形成明显对比，为观赏性佳且易于养植的多肉植物。

图8-2 美丽水牛角

2. 生长习性

美丽水牛角喜温暖、干燥和光照充足的环境，生性强健，易于生长，耐干旱，耐半阴，不耐寒，怕积水。

3. 栽培养护

美丽水牛角在春季至秋季正常浇水，生长期每月施低氮素肥1次。夏季适度遮阴，保持通风和凉爽，控制浇水。盆土宜用肥沃、疏松和排水良好的砂壤土。越冬温度保持10℃以上，冬季控制浇水。

4. 繁殖方法

美丽水牛角多采用播种和扦插繁殖。

三、球兰栽培与养护

别名 马骝解、狗舌藤、铁脚板

1. 形态特征

球兰（图8-3）为多年生灌木植物。球兰茎节上可生气根，多附生于树上或石上；

叶片肥厚，呈卵圆形至卵圆状长圆形，对生，叶端较钝，基部呈圆形，还有4对不明显的侧脉；伞状花序，腋生；花冠呈辐射状，花筒较短，其裂片外部无毛，内部多乳头状突起；花期为4～6月。

图8-3 球兰

2.生长习性

球兰多在温暖、干燥且半阴的环境下生长，最适宜生长的温度为20～25℃。

3.栽培养护

球兰在夏季需要移至遮阴处，每个星期应向叶片喷水2次，但不能向花序喷水。球兰到了秋天生长变得缓慢，此时应该少浇水，最好15天左右浇水1次即可。冬天时，球兰进入休眠期，保持盆土稍微潮润即可。培养土应该选择疏松肥沃的微酸性腐植土。在其生长旺盛期应该每15天施加1次有机肥。

4.繁殖方法

球兰常用扦插和压条的方法进行繁殖。

（1）扦插繁殖

在夏末秋初时，截取长8～10cm的半成熟枝或花后取顶端枝，插穗需要带茎节，清洗干净切口，晾干后插到容器里，室温维持在20～25℃，插后20～30天即可生根。

（2）压条繁殖

春末夏初时，将球兰的壮实茎蔓在茎节间处稍加刻伤，将水苔在刻伤处包住，外用薄膜包裹并扎紧，等到生根后剪下上盆栽种即可。

四、心叶球兰栽培与养护

别名 | 腊兰、腊花、腊泉花

1.形态特征

心叶球兰（图8-4）为多年生灌木植物。心叶球兰叶片形状如心形，因此被称为情人球兰。心叶球兰茎肉质，叶片肥厚，叶柄粗壮，长约5mm；叶顶尖至钝圆形，接近叶轴处无毛，远离叶轴的中脉则肥厚饱满；伞状花序，腋生半球状，花冠白色；花期为5月。

2.生长习性

心叶球兰喜高温多湿环境，耐半阴，生长适宜温度20～35℃，越冬最低温度为7℃，低于10℃易受寒害。

3. 栽培养护

心叶球兰在夏季移至遮阴处，可适当增加浇水，但忌向花序喷水。生长期每月施肥1次。10月中旬后，温度应为10～14℃，置于干燥、光照充足处越冬。

4. 繁殖方法

心叶球兰多采用扦插和压条方法进行繁殖，很容易促进生根。在春末夏初时最适宜心叶球兰进行扦插繁殖。具体操作是截取一段大概10cm的茎端，并在切口沾上生根剂再插入土中进行养护，此外，也可采用芽插繁殖。扦插时最适宜的温度宜为

图8-4 心叶球兰

20～25℃。经过8～10个星期的养护后即可生根，再经过大概2个星期的培育后，等到其根部生长良好时可进行上盆移植。高枝压条最好选择在春季进行。

五、斑叶球兰栽培与养护

别名 锦红球兰

1. 形态特征

斑叶球兰（图8-5）为多年生灌木植物。斑叶球兰茎细长，蔓茎长有气根，能攀爬支柱或墙面；叶片肥厚，呈尖卵形，为乳绿色，叶面上还夹杂着白色或浅黄色色斑；聚伞花序，一般有10～15朵花在茎顶开放，粉红色，五角星形，花瓣蜡质，较厚，还带有香气；花期为5～9月。

2. 生长习性

斑叶球兰多在温暖、潮润和半阴的环境下生长，耐干旱和荫蔽环境，不耐寒，不喜强光照，忌水涝。斑叶球兰最适宜的生长温度为18～24℃，冬季气温至少保持在5℃以上。

3. 栽培养护

斑叶球兰需要多浇水，以保证盆土处于湿润状态，切忌使用钙质水进行浇灌。5～8月期间是斑叶球兰的

图8-5 斑叶球兰

生长旺盛期，需要每隔15天施加1次钾肥。到了盛夏季节，最好每7天就向叶片喷1次水，但不可向花序喷水。为了有利于新蔓的生长与开花，需要保护好蔓上的瘤状节。当斑叶球兰出现花序后，最好停止搬动。斑叶球兰到了寒冷的冬季就会进入休眠期，此时要保持盆土稍湿润，培养土最好选择疏松、肥沃且具有良好排水性的砂质土壤。

4.繁殖方法

斑叶球兰常用扦插和压条的方法进行繁殖。

（1）扦插繁殖

在夏末秋初季节，截取长为8～10cm的斑叶球兰的半成熟枝或花后截取斑叶球兰的顶端枝，需要选择带有茎节的枝条作插穗，并将剪口乳液清洗干净，在通风处晾干后插到砂床上，在生长温度维持在20～25℃时，插后20～30天即可生根。

（2）压条繁殖

春末夏初时，将充实的斑叶球兰茎蔓在茎节间处稍微刻伤，利用水苔在刻伤处包扎，外面再用薄膜包好并扎紧，等到生根后再剪下茎蔓进行盆栽。

六、大花犀角栽培与养护

别名 海星花、臭肉花

1.形态特征

大花犀角（图8-6）为多年生肉质草本植物。大花犀角株高20～30cm；茎较粗，呈四角棱状，灰绿色，突起为齿状，与犀牛角相像，向上直立生长，茎基部分枝较多；开出像海星的星形花，花型较大，淡黄色，上面带有淡黑紫色的横斑纹，边缘长有浓密而细长的毛，散发臭味；花期为7～8月。

2.生长习性

大花犀角喜温暖湿润和半阴环境，忌强阳光直射。生长适温为18～28℃，冬季宜避风越冬，并保持8℃以上温度，耐干旱。

3.栽培养护

大花犀角在春季需每月浇水1次，夏季保持盆土潮湿，秋季无需浇水。春秋季每月施1～2次稀薄肥，夏季停止施肥。

4.繁殖方法

大花犀角成株有良好的分枝性，并能在茎节处长出气生根，可摘下完整茎节作插穗，经晾干

图8-6 大花犀角

伤口后，可直接插入盆土中，能很快生根。

七、魔星花栽培与养护

别名 无

1. 形态特征

魔星花（图8-7）为多年生肉质植物。魔星花植株丛生，基部分枝较多，向上直立生长；茎肉质肥厚，较粗，灰绿色，呈四角棱状，边有齿状突起和短茸毛；茎高20～30cm，茎粗3～4cm；花从基部抽出，花苞气囊状，呈菱形，裂开后为5瓣；花期为6～9月。

2. 生长习性

魔星花多在温暖干燥、具有良好排水性的砂质壤土的环境下生长，比较耐旱，最适宜的生长温度为16～25℃。魔星花在低于10℃的温度下会进入休眠状态，在盛夏季节，植株同样会因为温度过高而进入半休眠状态。

图8-7 魔星花

3. 栽培养护

魔星花在夏季应适当遮阴，加强通风，控制浇水。冬季移至屋内或温室内，控制浇水量。每年的春季换盆，选用有机培养土，加上一些真珠石、蛭石或发泡炼石，来增加排水性。每15～20天可施一次花宝2号或花宝观叶植物液来增加肥力。

4. 繁殖方法

魔星花多采用分株、扦插和播种的方法进行繁殖。

（1）分株繁殖

一般情况下，魔星花分株繁殖多在换盆时进行。

（2）扦插繁殖

只要生长温度适宜，魔星花一年四季均可进行扦插繁殖。具体操作是选择1年生以上的魔星花枝条，截取大概长10cm，等到晾干伤口后就能进行扦插繁殖。

（3）播种繁殖

进行播种繁殖后的魔星花实生苗的生长速度极其缓慢，需要4～5年才能开花。

八、金钱木栽培与养护

别名 金币树、龙凤木

1. 形态特征

金钱木（图8-8）为多年生常绿肉质植物，因肥厚的叶片排列整齐酷似铜钱而得名。金钱木株高20～30cm；茎肉质，圆柱形，直径1.5～2cm，表皮淡褐色；叶片近圆形，近无叶柄，绿色；花单生，顶端有小缺刻，淡黄色；花期多在秋季。

2. 生长习性

金钱木适合阳光充足环境，在明亮散射光处生长也良好。喜温暖，怕寒冷，在15～29℃的温度范围内生长较好，越冬温度不低于5℃。为保持优美株形，宜适时截短徒长枝。

图8-8　金钱木

3. 栽培养护

金钱木是摆放在室内的观赏性多肉植物，当植株在生长旺盛期时，最好给予一定的光照，否则影响植株的正常生长。夏季应该将植株放置在半阴处进行养护，以免叶片被强光灼伤。到了寒冷的冬天，需要将植株移到阳光充足的地方进行养护，并且要少浇水，不需要施肥，只要室温保持在10℃左右都能正常生长。此外，需要每隔2年在春末夏初之际翻1次盆。

4. 繁殖方法

金钱木主要采用扦插繁殖，多选在每年的3～5月期间进行。具体操作是选择生长健壮的金钱木枝条，截取8～10cm长的茎段，将其放到通风处晾干伤口后，即可将其扦插到素砂土中，20～25天就能长出新根，最后再上盆栽种，进行正常的水肥养护即可。

九、珍珠吊兰栽培与养护

别名 绿铃、翡翠珠、情人泪

1. 形态特征

珍珠吊兰（图8-9）为典型的多年生常绿肉质草本植物。珍珠吊兰植株多以匍匐的形态进行生长，全株被白粉，茎比较纤细；叶片肥厚，为圆心形，像一颗颗珠子，深绿色，互生；顶生头状花序，长3～4cm，颜色为白色至浅褐色；花期为2月至次年1月。

图8-9 珍珠吊兰

2. 生长习性

珍珠吊兰多在温暖湿润、弱光照射的环境下生长，具有很强的环境适应性，比较耐旱和耐寒。培养土多选择富含有机质的且疏松肥沃的壤土。

3. 栽培养护

珍珠吊兰常常需要生长在阴凉通风的环境下，并注意加强环境湿度。倘若放置的地方光照太强或者严重不足，植株叶片就会变成淡绿色或黄绿色，缺乏生机，失去了原有的观赏价值；倘若珍珠吊兰长期处于强光照射下，再加上盆土干燥，就会导致植株因干枯而死。

4. 繁殖方法

珍珠吊兰多采用扦插的方法进行繁殖。珍珠吊兰的枝蔓很容易长出气生根，可在春秋两季剪下几节，将其埋到疏松肥沃、具有很好透气性的砂质壤土中，保持盆土湿润，很快即可生根。

十、泥鳅掌栽培与养护

别名 地龙

1. 形态特征

泥鳅掌（图8-10）为多年生肉质植物。泥鳅掌植株矮小，呈灌木状；茎匍匐生长，只要接触土壤即可生根，茎呈圆筒形，只有两头略尖；茎上有节，灰绿色或褐色，上有深绿色的线状纵条纹；叶片线形，长0.2cm，很早就枯萎；花橙红色或血红色；花期多在夏季。

2. 生长习性

泥鳅掌多在阳光充足、温暖干燥的环境下生长，耐半阴和干旱，忌水涝。

3. 栽培养护

泥鳅掌到了盛夏季节，就会进入休眠期，此时要进行适当遮阴处理，并加强通风、少浇水。选择的培养土可掺杂一定量的粗砂，泥鳅掌直接种植在砂床中比盆栽更容易促进生长。到了寒冬腊月，最好将植株移到温暖的室内，并且温度保持在10℃以上。如果盆土保持干燥，且能进行充足的光合作用，植株也能忍耐3～5℃的低温。切忌施肥过多。

图8-10　泥鳅掌

4. 繁殖方法

泥鳅掌多采用扦插的方法进行繁殖。具体操作是掰取处于生长旺盛期的泥鳅掌的肉质茎段，肉质茎长短皆可，等到晾干后将其平放在素砂土中，要少浇水，保持土壤稍湿润最容易生根。

十一、非洲霸王树栽培与养护

别名 | 马达加斯加棕榈

1. 形态特征

非洲霸王树（图8-11）为多年生乔木状肉质植物。非洲霸王树植株大型，株高4～6m，茎干圆柱形，褐绿色，不分枝或少分枝，茎表面密生短粗硬刺，3枚一簇；叶片翠绿色，集生于茎干顶部，长广线形叶，有尖头，长25～40cm，叶柄及叶脉淡绿色；花高脚碟状，乳白色，喉部黄色，花径11cm左右；花期多在夏季。

2. 生长习性

非洲霸王树需要全日照，喜温暖及阳光充足、高温多湿的环境，耐干旱。生长适宜温度为15～35℃，低于5℃易受寒害。

图8-11　非洲霸王树

3. 栽培养护

非洲霸王树只需要1个星期浇1次水即可。夏季可适当增加浇水，入秋后需控制浇水，盆土保持稍干燥，入冬后则完全停止浇水。冬季休眠，但仍要保持较高温度。春、秋生长季应每15～20天追施1次稀薄的肥料，促进植株生长。夏季及冬季休眠时停止施肥。

4. 繁殖方法

非洲霸王树常用播种和分株繁殖，以播种繁殖为主。在春末播种，种子在播前需要浸足12个小时的水，播种后的非洲霸王树要在盆上覆盖塑料薄膜或玻璃。植株最适宜的发芽温度为19～20℃，7天后即可发芽，发芽率高达80%以上。

十二、亚龙木栽培与养护

别名 大苍炎龙

图8-12 亚龙木

1. 形态特征

亚龙木（图8-12）为多年生常绿肉质灌木或小乔木植物。亚龙木茎干白色至灰白色，上有细锥状的刺；叶片肉质肥厚，生于茎干间，长卵形至心形，对生，叶片从大到小呈绿色至灰黑色；花序长约30cm，黄色或白绿色；花期多在夏季。

2. 生长习性

亚龙木生性强健，多在光照充足，温暖干燥的环境下生长，不耐寒，稍耐半阴，忌水涝。最适宜的生长温度为18～35℃，在0℃以下容易遭受冻害，比较耐旱。

3. 栽培养护

亚龙木在4～10月期间处于生长旺盛期，最好将其放置在光照充足的地方进行养护。即便在温度过高的夏天，只需要选择通风良好的地方养护即可，不需要进行遮阴处理。浇水掌握"不干不浇，浇则浇透"的原则，忌盆土积水。春秋季保持土壤稍湿润即可，冬季则完全停止浇水，盆土保持干燥。每隔1～2年，在春季换1次盆，盆土要求疏松肥沃并具有较好的排水性，此外，最好含有少量的石灰质。

4. 繁殖方法

亚龙木多采取扦插繁殖。具体操作是在18～30℃的温度下，选取健壮充实的长5cm以上的亚龙木枝条，切口晾上几天后，再将其插到砂土中，保持土壤稍湿润，极易生根。

十三、断崖女王栽培与养护

1.形态特征

断崖女王（图8-13）为多年生肉质植物。断崖女王植株多为小型，根部肉质，球状或甘薯状，有须根，表皮呈黄褐色；茎簇生于根部顶端，绿色，枝条状；叶片肉质，长椭圆形或椭圆形，交互对生，全缘，先端尖，绿色，叶面密布细小的白色短毛；花顶生，簇生，朱红色或橙红色，花筒较细，花瓣先端稍微弯曲；花期为春末至秋初。

2.生长习性

断崖女王耐半阴，较耐寒，生长适宜温度为15～25℃，最低可耐-17℃，耐干旱。

图8-13　断崖女王

3.栽培养护

断崖女王到了夏季，最好放置在半阴凉爽处，需控制浇水，盆土保持稍干燥，入秋后可适当增加浇水。要求见干即浇，不可使盆土积水。秋末植株进入休眠状态，要保证土壤适度干燥。施肥要薄肥勤施。

4.繁殖方法

断崖女王多采用播种繁殖。由于断崖女王的种子寿命很短，最好随采随播。播种的时候，可以掺杂一些非常细小的砂粒进行混合播种，以求均匀生长。此外，还要保证盆土湿润。将盆土放到保鲜袋中扎紧，并放置在荫蔽处，每天需要打开保鲜袋透气30分钟，直到植株长出真叶后再去袋，并将盆栽移到充足的弱光照射下。由于幼苗生长细弱，需要每2天就要用喷雾的方式使盆土保持湿润状态。15～20天后需要施加1次花宝2号、多元素复合肥或有机肥浸出液，每半个月施加1次肥。

十四、爱之蔓栽培与养护

1.形态特征

爱之蔓（图8-14）为多年生蔓生草本植物。爱之蔓从带有结节的块茎中生出并匍匐生长，悬挂时茎叶会自然下垂；蔓叶肉质，心形，长约2cm；叶表面绿色具有白色斑纹，叶背面淡紫色；花灯笼状，淡紫褐色，长1～2cm；花期多在夏季。

图8-14 爱之蔓

2. 生长习性

爱之蔓喜温暖、干燥和光照充足的环境，较耐干旱，不耐寒，怕积水。

3. 栽培养护

爱之蔓在春季、秋季应正常浇水，生长期每月施肥1次。夏季高温时植株生长缓慢，应减少浇水，适度遮阴，保持通风透气，每月浇水2～3次。盆土宜用肥沃、疏松和排水良好的砂壤土。越冬温度不低于10℃，置于温暖、阳光充足处，减少浇水，每月浇水1～2次。

4. 繁殖方法

爱之蔓多选择用播种和扦插的方法进行繁殖。

十五、红花鸡蛋花栽培与养护

别名 大季花、缅栀子、蛋黄花

1. 形态特征

红花鸡蛋花（图8-15）为多年生乔木状肉质植物。红花鸡蛋花植株大型，株高可达5m，分枝多，枝干肥厚；叶片互生，多簇生于枝端，长椭圆形或阔披针形；花顶生，聚伞花序，花冠漏斗状，回旋覆瓦状排列，花径7～10cm，粉红色或黄色，有芳香；花期为5～11月。

2. 生长习性

红花鸡蛋花多在光照充足、土壤肥沃潮湿且具有良好排水性的环境下生长，稍耐荫蔽，耐干旱，忌水涝。红花鸡蛋花最适宜的生长温度为20～35℃，在5℃以下时易受冻害。

3. 栽培养护

红花鸡蛋花在夏季不用遮阴，冬季在居室内养护。浇水以"不干不浇、见干即浇、

浇必浇透、不可积水"为原则。生长期土壤保持湿润，花后休眠期需控制浇水。每年春季萌芽前翻盆换土1次可以加骨粉，或施用含有鸡蛋壳、鱼刺、碎骨等腐熟的富含钙的有机肥。

4. 繁殖方法

红花鸡蛋花多采用扦插的方法进行繁殖。一般情况下，扦插繁殖多在5月中下旬进行。具体操作是从红花鸡蛋花的分枝基部剪取长20～30cm的枝条，因植株的剪口处会流出白色的乳汁，因此，需要将枝条放到阴凉通风处晾2～3天，等到伤口结一层保护膜的时候再进行扦插，切记：如果将带乳汁的枝条

图8-15　红花鸡蛋花

直接进行扦插，根部容易腐烂。需要将枝条扦插到干净的蛭石、砂床或浅砂盆中，之后再进行适度喷水，将其放置在室内或室外荫棚下，每2天喷水1次，使培养土保持湿润。

十六、天竺葵栽培与养护

别名 | 洋绣球、石腊红

1. 形态特征

图8-16　天竺葵

天竺葵（图8-16）为多年生草本植物。天竺葵茎直立生长，有的有分枝，有的无分枝，茎上有明显的茎节；茎上部肉质肥厚，基部则已木质化。叶片圆形或肾形，叶缘锯齿形；腋生伞形花序，花的数量较多，总花梗要高于叶丛，并被短柔毛，有红色、橙红色、粉红色或白色；花期为5～7月。

2. 生长习性

天竺葵多在冬暖夏凉的环境下生长，植株最适合生长的温度在5～20℃期间，耐干旱，忌水涝。在其生长旺盛期需要进行充足的太阳光照射。

3. 栽培养护

天竺葵在春秋季节应该多晒阳

光，夏季应防止阳光暴晒，冬季室内温度不要低于0℃。2～3天浇1次水，每次浇水要水量大，保证浇透。

4. 繁殖方法

天竺葵多采用播种和扦插的方法进行繁殖。

（1）播种繁殖

天竺葵进行播种繁殖在春秋两季均可进行，最好在春季进行室内盆播比较好。天竺葵发芽最适宜的温度在20～25℃之间。由于天竺葵的种子比较小，播后只需要覆上薄薄的一层土即可，2～5天后发芽。如果在秋季进行播种繁殖，天竺葵会在次年夏天才能开花。经过播种繁殖的实生苗，可培育出优良的中间型品种。

（2）扦插繁殖

在6～7月期间，天竺葵植株会进入半休眠期外，其他时间都可进行扦插繁殖。因为夏天的温度太高，容易导致插条发黑腐烂，所以最好在春秋两季进行扦插繁殖。具体操作是选取长10cm左右的天竺葵插条，最好选择天竺葵的顶端部。晾干切口后，等到切口形成薄膜后再将其插到砂床或膨胀珍珠岩以及泥炭的混合培养土中。需要注意的是，一定不能弄伤插条的茎皮，否则就容易导致伤口处发生腐烂。插后放置在半阴处，室温维持在13～18℃，插后的枝条在14～21天后即可生根，当根长到3～4cm的时候可进行上盆栽种。一般情况下，扦插苗培育6个月后可开花。

十七、香叶天竺葵栽培与养护

| 别名 | 无 |

图8-17　香叶天竺葵

1. 形态特征

香叶天竺葵（图8-17）为多年生草本或灌木状肉质植物。香叶天竺葵茎直立生长，基部已木质化；叶片互生，近圆形，基部为心形，直径2～10cm；叶柄被茸毛，并与叶片近似等长；伞形花序，高于叶丛；每株开花5～12朵，玫瑰色或粉红色；花期为5～7月。

2. 生长习性

香叶天竺葵多在温暖潮润和光照充足的环境下生长，不耐寒，忌水涝，怕高温。香叶天竺葵在3～9月最适宜的生长温度为13～19℃，在冬季最适宜的生长温度为10～12℃，短期内可耐

5℃的低温。在6～7月期间，香叶天竺葵处于半休眠状态。

3. 栽培养护

香叶天竺葵应适当控水，遵循"不干不浇，浇则浇透，宁干勿湿"的原则。香叶天竺葵在春秋两季是生长旺盛期，植株开花后应多浇水，但也不可浇水过度，以免造成水涝灾害；冬季应适度少浇水。春季和初夏最好将植株放置到阳光充足的环境下，盛夏和初秋时应将植株放置在荫蔽背光处。在其生长旺盛期时，需要每隔7～10天施加1次稀薄液肥。

4. 繁殖方法

香叶天竺葵主要采用扦插繁殖，也可采取播种或组织培养的方法进行繁殖。在4、5月或9、10月期间剪取粗壮带顶芽的长约5～8cm的香叶天竺葵枝条，等到其切口晾干后再进行扦插。此外，切记要保留2～3枚顶芽，注意对香叶天竺葵进行适度遮阴和保湿，15～20天即可生根成活。

十八、碰碰香栽培与养护

别名 一抹香

1. 形态特征

碰碰香（图8-18）为多年生亚灌木状草本植物。碰碰香植株多分枝，茎纤细，匍匐状，密被细小的白色绒毛；叶卵圆形，肉质，交互对生，叶缘有钝锯齿，叶色为绿色，生有白色细绒毛：花小，多为白色。

2. 生长习性

碰碰香多在光照充足和温暖干燥的环境下生长，比较耐阴，忌水涝，不耐寒，因此冬季要将植株移到温暖的室内进行养护。所选用的培养土最好是疏松透气且具有良好排水性的土壤。

图8-18 碰碰香

3. 栽培养护

碰碰香最好放置在通风良好的地方养护，最好在温室内栽培，并给予充足光照。碰碰香浇水要遵循"见干见湿"的原则，在缺乏光照的阴天应少浇水或不浇水，同时也不用施肥。夏天过去后，就要减少浇水量，冬天更应该少浇水。在其生长旺盛期，每隔30天浇1次水即可，还可适量施加一些磷钾肥或少量氮肥。

4. 繁殖方法

碰碰香多采用扦插的方法进行繁殖。具体操作是在碰碰香扦插枝的最下端用刀子快速剪个斜角，之后放置到通风阴凉处晾一周，就可在枝干最下部看到伤口收缩，再进行扦插就不会发生烂根的不良现象。将碰碰香插条插到砂子或者珍珠岩含量较高的土壤里，注意土壤要消毒，否则会产生霉菌，不利于插条生长。插好后最好一次性浇透水，将盆栽放到通风、有光线但没有直射光照射的地方进行养护。之后不可再浇水，如果盆土过于干燥，只需要在花盆四周喷水，增加空气湿度即可。等15～30天后，即可生根。

十九、纽扣玉藤栽培与养护

别名 纽扣藤、串钱藤

1. 形态特征

纽扣玉藤（图8-19）为多年生肉质草本植物。纽扣玉藤植株匍匐生长，可攀附或悬垂；茎细长，茎节易生根；叶片肉质肥厚，对生，阔椭圆形或阔卵形，宽0.7～1cm，叶端稍尖，形状像纽扣，颜色为绿色带银灰色；开红色小花；花期多在春季。

2. 生长习性

纽扣玉藤多在光照充足和温暖干燥的环境下生长。要求培养土具有良好的排水性，非常耐干旱，最适宜的生长温度为23～32℃。

3. 栽培养护

纽扣玉藤植株所需的栽培基质一般选用排水且透气性佳的土壤，可用蛇木屑掺杂适量的珍珠岩混合制成的营养土。浇水应遵循"干透浇透"的原则，外界环境温度在10℃以下时需要将盆栽移到温暖的室内，并尽量少浇水。在其生长旺盛期要每隔2～3个月施1次有机肥。

4. 繁殖方法

纽扣玉藤主要采取扦插的繁殖方法。纽扣玉藤在春夏两季皆可进行扦插，具体操作是将纽扣玉藤的枝条剪成3～4节的小段，斜插到具有良好排水性的培养土中，培养土应保持微潮湿，大概7天后即可生根存活。

图8-19 纽扣玉藤

二十、爱元果栽培与养护

别名 青蛙藤、玉荷包、囊元果

1. 形态特征

爱元果（图8-20）为多年生肉质草本植物。爱元果植株娇小，有缠绕茎；叶片肉质对生，椭圆形，中空饱满，叶端有芒尖，翠绿色，整体呈元宝状，叶片还会变成一个巨大的囊；花序从叶腋处抽出，开红色小花；开花后能结果；花期多在夏季、秋季。

2. 生长习性

爱元果较耐半阴，耐干旱，生长适宜温度为15～35℃，低于10℃易受寒害。

图8-20　爱元果

3. 栽培养护

爱元果在夏季需控制浇水，盆土保持稍干燥，入秋后可适当增加浇水。在我国，除华南地区外，其余地区都需将其移入温室越冬。盆土宜选用排水透气性良好的砂壤土。生长期每月施肥1次。

4. 繁殖方法

爱元果多采用扦插繁殖。

二十一、豆瓣绿栽培与养护

别名 青叶碧玉、豆瓣如意、小家碧玉等

1. 形态特征

豆瓣绿（图8-21）为多年生常绿草本植物。豆瓣绿株高普遍为15～20cm；茎肉质肥厚，但没有主茎；叶簇生，呈倒卵形，灰绿色，叶面上有深绿色脉纹；穗状花序，开灰白色花；花期为2～4月及9～10月。

2. 生长习性

豆瓣绿多在温暖湿润和半阴的环境下生长，最适宜的生长温度为25℃左右，冬季生长温度也要在10℃以上，不耐高温，忌强光照射，所用基质为疏松肥沃且具有良好排水性的潮润土壤。

3. 栽培养护

豆瓣绿所用的基质多为1份腐叶土、1份泥炭土再加上少量的珍珠岩或砂配制而成，在基质中适量添加一些基肥会更有利于豆瓣绿的生长。在豆瓣绿的生长旺盛期需要每15天施加1次肥料。豆瓣绿对光照要求不高，空气干燥时可向叶面多喷水，忌霜冻，冬季控制浇水。

4. 繁殖方法

豆瓣绿主要采用扦插、叶插以及分株的方法进行繁殖。

（1）扦插繁殖

豆瓣绿主要采取扦插的方法进行繁殖。在4～5月期间，挑选健壮的豆瓣绿顶端枝条，截取大概5cm作插穗，顶端保留1～2枚叶片，等到切口在通风良好的地方晾干后，再将其插到湿润的砂床中。

图8-21　豆瓣绿

（2）叶插繁殖

豆瓣绿也可进行叶插繁殖，具体操作是用锋利的刀子切取带叶柄的豆瓣绿叶片，等到稍微晾干后再将其斜插到砂床上，经过10～15天后即可生根。如果温室中有可自由调控温度的设备，那么豆瓣绿进行叶插繁殖在全年皆可进行。

（3）分株繁殖

分株的方法主要用于豆瓣绿彩叶品种的繁殖。

二十二、沙漠玫瑰栽培与养护

别名 天宝花

1. 形态特征

沙漠玫瑰（图8-22）为多年生肉质草本植物。沙漠玫瑰外形类似灌木或小乔木，高可达4.5m；树干肿胀，叶为单叶互生，集生于枝端；叶片呈倒卵形至椭圆形，长可达15cm，肉质，几乎无叶柄。沙漠玫瑰的花形似小喇叭，有红、玫红、粉红、白等色，色彩非常艳丽，因原产地接近沙漠且红如玫瑰而得名；花期为5～12月。

2. 生长习性

沙漠玫瑰喜高温干燥和阳光充足的环境，耐酷暑，不耐寒。沙漠玫瑰喜富含钙质、疏松透气、排水良好的砂质壤土，不耐荫蔽，忌涝，忌浓肥，生长适温为25～30℃。

3. 栽培养护

沙漠玫瑰应在避免潮湿的环境下生长，最好放置于阳光或散射光充足的地方，这样有助于沙漠玫瑰开花。在每次浇水前，必须确定沙漠玫瑰盆土的表面完全干燥，不可多浇水，以防烂根。每年的春夏雨季是沙漠玫瑰的生长期，这一时期可一个月左右补充一

次磷钾肥。秋冬季是沙漠玫瑰的休眠期，其生长非常缓慢甚至停止，这一时期不需要施肥。

4.繁殖方法

沙漠玫瑰常用扦插、嫁接和压条的方法繁殖，也可选择播种繁殖。

（1）扦插繁殖

沙漠玫瑰扦插以夏季进行最好，选取1～2年生顶端枝条，剪成10cm长，待切口晾干后插于砂床，插后约3～4周即可生根。

（2）嫁接繁殖

沙漠玫瑰嫁接繁殖可选用夹竹桃作砧木，成活后植株生长健壮，容易开花。

图8-22 沙漠玫瑰

（3）压条繁殖

沙漠玫瑰压条繁殖多在夏季进行，在健壮枝条上切去2/3，先用苔藓填充后再用塑料薄膜包扎，约25天左右即可生根，再过15天左右剪下即可进行盆栽。

（4）播种繁殖

在开春以后，把沙漠玫瑰种子撒进疏松度好的土里，再盖上土，保持土壤湿润即可发芽生根，等幼苗长到4cm左右即可进行盆栽种植。

参考文献
References

［1］阿尔. 零基础养多肉. 南京：江苏科学技术出版社，2017.

［2］梁群健. 多肉植物图鉴. 郑州：河南科学技术出版社，2017.

［3］汉竹. 懒人多肉一养就活. 南京：江苏科学技术出版社，2018.

［4］曲同宝. 多肉植物图鉴. 哈尔滨：黑龙江科学技术出版社，2017.

［5］史玉娟. 多肉学问大. 长春：吉林科学技术出版社，2017.

［6］日本株式会社基谷公司著，李晓梦译. 多肉就得这么搭. 武汉：华中科技大学出版社，
2017.

［7］壹号图编辑部，凤凰含章. 常见多肉植物原色图鉴. 南京：江苏科学技术出版社，
2017.

［8］王意成，张华. 多肉植物彩色全图鉴. 北京：水利水电出版社，2017.

［9］阿呆. 多肉掌上花园. 北京：水利水电出版社，2014.

［10］托妮·戴格尔. 多肉手作，这样玩最创意. 武汉：华中科技大学出版社，2017.

［11］王意成. 多肉肉多. 南京：江苏科学技术出版社，2018.

［12］二木. 和二木一起玩多肉. 北京：水利水电出版社，2013.

［13］陈樑. 多肉匠私家秘诀. 福州：福建科技出版社，2016.

［14］木丰央，壹号图编辑部，凤凰含章. 常见多肉植物这样养. 南京：江苏科学技术出版
社，2017.

［15］摩天文传. 多肉就要这样玩. 南京：江苏科学技术出版社，2015.

［16］NHK出版. 多肉植物气质盆栽. 福州：福建科技出版社，2017.

［17］韩也豪，许安，文静. 多肉美栽. 武汉：湖北美术出版社，2016.

［18］(日) 田边正则，袁光译. 多肉混栽美美哒. 南京：江苏科学技术出版社，2017.

［19］松山美纱. 多肉物语. 武汉：湖南科技出版社，2016.

［20］飞乐鸟. 多肉绘. 北京：水利水电出版社，2013.

多肉花卉养护从入门到精通